Liberté Egalité

Rouen le 6 frim^re an 3me R.F.

Au citoyen conservateur de la Bib^que Nationnale a Paris.

Citoyen,

Nous vous envoyons ci joint deux exemplaires d'un tableau des nouveaux poids et mesures de la Republique, que nous vous prions de déposer a la Bibliothéque Nationale si vous estimez qu'il y merite une place,

Salut et fraternité

Louis Bouchel

[illegible] Jacquez

Nous vous prions de nous en accuser la reception.

TABLEAU
DES NOUVEAUX
POIDS, MESURES ET MONNOIES
DE LA RÉPUBLIQUE FRANÇAISE.

Suivis des rapports qu'ils ont avec les plus connus de l'Europe, comparés entr'eux ; d'après la Métrologie de PAUCTON *et au moyen des lignes proportionnelles.*

PAR LOUIS-E. POUCHET.

Se vend chez l'Auteur, rue de la Régénération, ci-devant de la Vicomté, & chez le Citoyen Jacques, Graveur.

A ROUEN;

De l'Imprimerie du Journal de Rouen & du Département de la Seine inférieure, rue Béfroi, n°. 40

An troisieme de la République.

frim^re^ an 3me

r vateur de la Bib^que^

Paris.

e joints deux exemplaires
s poids et mesures de
vous prions de déposer
ale. Si vous estimez qu'il

lut & fraternité

Bouchel

Jacquez

ccusé la reception.

TABLEAU
DES NOUVEAUX
POIDS, MESURES ET MONNOIES
DE LA RÉPUBLIQUE FRANÇAISE.

Suivis des rapports qu'ils ont avec les plus connus de l'Europe, comparés entr'eux ; d'après la Métrologie de PAUCTON *et au moyen des lignes proportionnelles.*

PAR LOUIS-E. POUCHET.

Se vend chez L'AUTEUR, rue de la Régénération, ci-devant de la Vicomté, & chez le Citoyen JACQUES, Graveur.

A ROUEN;

De l'Imprimerie du JOURNAL DE ROUEN & DU DÉPARTEMENT DE LA SEINE INFÉRIEURE, rue Béfroi, n°. 40

AN TROISIEME DE LA RÉPUBLIQUE.

DISCOURS PRÉLIMINAIRE.

APrès l'agriculture, c'est sans contredit le commerce qui contribue le plus au bonheur des hommes; c'est à ses progrès que sont dues l'abondance et la civilisation des peuples; comme tous les arts, il n'offrit que peu de ressources dans son enfance, il se réduisit à quelques simples échanges entre voisins. Les premiers poids et mesures furent la charge ou somme, la brasse, la coudée, etc. L'invention des monnoies lui donna un grand essor; les poids et mesures en se perfectionnant, opérérent d'autant plus de bien qu'ils servirent de conventions à des populations plus nombreuses et plus étendues, il étoit réservé à la nation française qui s'est illuſtrée sur-tout dans ce siécle par de grandes découvertes, de composer un systême métrique sur une base qui, étant déduite de la grandeur de la terre, appellât tous ses habitans à en faire usage, et il n'y a pas de doute que le plus grand nombre des peuples n'adoptent avec reconnoissance l'offre qui leur en est faite par la Convention nationale, d'autant plus que la nouvelle division en parties décimales réduit à des opérations très-faciles la science de l'arithmétique si nécessaire au commerce.

La Convention nationale, en appellant tous les français à communiquer leurs idées sur tout ce qu'ils croiront pouvoir contribuer à la prospérité publique, leur en a fait un devoir, c'est ce qui m'a déterminé à publier ce tableau sur lequel j'ai, dès il y a long-temps, presenté plusieurs mémoires.

Si la connoissance des différents poids et mesures, et de leurs rapports réciproques fut de tous temps nécessaire aux marchands et aux consommateurs, elle l'est encore dans le moment où ces différences vont disparoître au moins en France par l'effet de la loi qui soumet tous ceux de la République à l'uniformité; car pour faire usage des nouveaux , il faut nécessairement établir leurs rapports avec les anciens, c'est le but de cet ouvrage ; mais sans vouloir rien dire sur leur essence, non plus que sur la pratique des opérations arithmétiques relatives aux divisions décimales pour lesquelles on ne peut mieux faire que d'avoir recours aux savantes instructions déja publiées par la commission temporaire des poids et mesures républicains. Ce tableau n'est point fait pour servir de gouverne à la rigueur, ni pour la tenue des écritures ; parce qu'il n'est susceptible de précision qu'autant que le comportent les opérations du compas desquelles l'on ne peut être assuré à un millieme près ; mais il fournira des résultats assez approximatifs pour guider à la simple lecture ceux qui voudront connoître les rapports existants entre divers poids et mesures, tant à l'égard de leurs quantités respectives, que de leurs valeurs, chacun en particulier, dans la proportion de tels autres que ce soit : pour arriver à ce but, les moyens de l'écriture ordinaire seroient insuffisants, puisqu'il faut rendre sur chaque objet des combinaisons à l'infini. Il faut donc de nouveaux caracteres, il faut de plus qu'ils se modifient à volonté, les lignes proportionnelles divisées en parties décimales produiront cet effet.

TABLEAU

Des nouveaux Poids, Mesures et Monnoies de la République française, et leurs rapports avec les anciens.

CHAPITRE PREMIER.

Base.

LIGNE représentante au nombre de cent, les nouveaux poids, mesures et monnoies de la république, et tous les autres en nombre supérieur ou inférieur, suivant leurs rapports à ceux-ci.

Au lieu de simples lignes, j'ai formé, pour chaque article, une échelle d'onze perpendiculaires, coupées par des transversales. La premiere échelle, qui fait la base de tout le systême, est commune à tous les articles qui y sont désignés, et la lettre capitale que l'on trouve à chacun, renvoie à tous ceux de même genre et qui peuvent lui être comparés, c'est-à-dire que le premier, par exemple, qui est le millaire désigné par A, a rapport à toutes les mesures itinéraires, lesquelles aussi sont désignées par la même lettre. Le second, qui est le metre, désigné par B, renvoie aux petites mesures linéaires, telles que le pied, l'aune, etc. qui portent aussi sa même lettre, ainsi des autres ; car il n'y auroit jamais lieu à établir de rapports entre deux articles de lettres différentes, parce qu'il n'y en a point entre le metre et la pinte, non plus qu'entre l'are et le boisseau.

L'on trouve cependant à l'article du cade ou metre cube, deux lettres E *E*; le premier est pour les mesures qui servent le plus ordinairement pour les solides, et le second pour les liquides; mais toutes les échelles comprises sous cette lettre de deux caracteres différents, peuvent néanmoins être comparées l'une à l'autre indistinctement.

Le cadil, qui est le millieme du cade, et le bar, qui est de mille graves, formant deux échelles à part, pourroient encore être suppléés par la premiere et principale, en modifiant les nombres en résultance des rapports qu'elles ont avec elle.

CHAPITRE II.

De la lecture des lignes ou échelles.

Cette lecture consiste dans leur rapprochement ou comparaison; elle ne peut s'opérer avec précision qu'à l'aide d'une mesure quelconque; l'ouverture du compas remplira cet objet.

La ligne perpendiculaire de droite comprend seule toute la valeur de l'échelle; les autres ne servent qu'à la subdiviser, et cette subdivision est marquée à l'extrêmité de chacune. Pour avoir des fractions ou des nombres inférieurs, l'on peut encore présumer les tranversales subdivisées en dix d'une perpendiculaire à l'autre, ce qui fourniroit, par exemple, des centiemes à l'échelle de la base; mais à l'œil seul appartient de les estimer par approximation.

Les unités sont séparées des fractions par une virgule, qui, en changeant au besoin de place, modifie les nombres; elle les décuple à chaque chiffre, au-delà duquel on la porte de gauche à droite ; et au contraire, en rétrogradant de droite à gauche, elle les réduit dans la même proportion ; ainsi le premier chiffre avant la virgule, marque les unités ; le second les dixaines, et le premier après marque les dixiemes, le second les centiemes, etc.

Soit que l'on veuille prendre un nombre connu sur une échelle, ou y porter le compas pour savoir combien elle rendra d'une mesure connue, les deux pointes devront être posées perpendiculairement aux lignes, et l'on réunira les nombres qui répondent à chacune. Pour prendre, par exemple, 36 unités 5 dixiemes sur la premiere échelle, il faut poser une pointe du compas sur la cinquieme perpendiculaire, au point où elle est coupée par la transversale qui répond à 7, qui ne compte que pour 6, parce que l'unité n'est fournie qu'en arrivant au bout de la ligne, et poser l'autre sur la même perpendiculaire au point où elle est coupée par la transversale qui répond à 30; en réunissant ces nombres, vous aurez 36,5.

Les lignes pointées ne le sont que pour aider l'œil à distinguer les chiffres qui répondent à chacune. Dans le cas où les lignes trop rapprochées ne laissent point d'espace suffisant pour placer les chiffres, j'en ai supprimé une partie, l'œil y suppléera.

Lorsqu'il faudra faire des comptes sur des nombres supérieurs à ceux des échelles qui doivent y servir, on leur prêtera de part et d'autre autant de chiffres qu'elles en auront besoin ; cette addition de chiffres doit se faire en zéros, s'il n'y a point de fractions, et s'il y a des fractions, en avançant la virgule d'autant de chiffres qu'il faudroit en ajouter.

Le compas devant reposer sur des points trop rapprochés pour être mesurés avec précision, l'on ouvrira de part et d'autre sur plusieurs chiffres de plus, en décuplant, centuplant, etc. suivant le besoin, sauf à les retrancher ensuite.

Pour établir les rapports d'unités quelconques avec des fractions d'une autre échelle, ou avec des dixains, des quintaux, etc. il faudra de même modifier les nombres, ainsi que cela est plus au long expliqué par des exemples aux chapitres III et IV.

Tous les poids, mesures et monnoies, dans le nouveau systême, se divisant en parties décimales, le compas marquant $24^{au},5$, c'est 24 ½ aunes vieux style, $22^{liv.},7$ 22 liv. 14 s. etc.

CHAPITRE III.

De la maniere de comparer entr'eux ou de rendre les uns par les autres différens poids, mesures et monnoies, en résultance de leurs quantités ou valeurs respectives.

Pour rendre la quantité ou valeur d'une mesure, poids ou monnoie par une autre, il suffit de les comparer en les rapprochant comme suit :

EXEMPLES.

Pour savoir combien 25 métres contiennent d'aunes de Paris;

1°. Ouvrez le compas sur 25 metres.

2°. Portez-le en cet état aux aunes à l'article de Paris, il marque $21,^{au}04$.

Combien un last de Hambourg contient-il de cades ; et combien de centicades ?

1°. Ouvrez le compas sur un last.

2°. Portez-le aux cades, il marque $3^{cad.}$,16, et pour le centicade avançant la virgule de deux chiffres pour la différence du cade au centicade, cela fait 316,

---

Combien un écu de Rome vaut-il de monnoie de Gênes ?

1°. Ouvrez le compas sur un écu de Rome.

2°. Portez-le aux livres courantes de Gênes, vous aurez $6^{liv.}$3.

CHAPITRE IV.

De la maniere de fixer les prix de divers poids et mesures dans la proportion de ceux auxquels on les compare.

C'est toujours la mesure dont le prix est connu qui donne celui que l'on veut connoître, et les mesures alors comme les poids doivent être supposées les monnoies sur lesquelles on veut en régler le prix ; chacune en particulier peut être appropriée à toutes indistinctement.

EXEMPLE.

A 27 liv. l'aune de Paris, combien le métre ?

1°. Ouvrez le compas sur 27 métres.

2°. Portez-le aux aunes de Paris, vous aurez 22,7 qu'il faut entendre de 22 liv. sept décimes.

Pour déterminer en monnoie de france les prix des mesures

républicaines en proportion de ceux des mesures et monnoies étrangeres, et réciproquement, les prix des poids et mesures étrangeres en proportion de ceux de la République, il suffira dans tous les cas de rapprocher et comparer ensemble la mesure et la monnoie étrangeres. Dans le premier cas c'est la mesure étrangere qui donne la réponse, dans le second c'est la monnoie.

EXEMPLES.

A 50 marcs lubs le sak de Hambourg, combien le cade, monnoie de france.

1°. Ouvrez le compas sur 50 marcs lubs.

2°. Portez le aux saks, il marque 368,6 qu'il faut entendre de 368$^{liv.}$,6.

A 12$^{liv.}$5 le métre de France, combien le palme à Gênes ?

1°. Ouvrez le compas sur 12$^{pal.}$,5 de Gênes.

2°. Portez-le à la monnoie du même pays, il marque 3$^{liv.}$,5.

L'on ne peut assurément demander une maniere d'opérer plus facile ni plus prompte, sur-tout si on la compare aux calculs qu'elles exigeroit par les procédés connus jusqu'à ce jour, cette facilité est dûe à l'invention qui représente les poids, mesures et monnoies par la même ligne.

Les opérations seront plus compliquées lorsqu'il faudra fixer les prix des poids ou mesures de différents pays, chacun sur leurs monnoies respectives, toutes fois qu'il seront autres que ceux de l'échelle qui sert de base, parce qu'alors il faudra premierement établir le rapport des monnoies et ensuite celui des poids ou mesures.

EXEMPLES.

A 3 rixdalers le scheffel de Dantzic, combien la mine à Rouen.

1°. Ouvrez sur 3 Rixdalers de Dantzic.

2°. Portez aux livres, monnoie de france, il marque $10^{liv.}$,2.

3°. Ouvrez sur 10^{mines},2 de Rouen.

4°. Portez aux scheffels, il marque 18,8 qui faut entendre de $18^{liv.}$,8 parce que la monnoie de Dantzic a d'abord été réduite en monnoie de france.

A 50 dalers de cuivre l'eimer de Suede, combien le tonneau de Russie ?

1°. Ouvrez sur 50 dalers de Suede.

2°. Portez aux roubles de Russie, vous aurez 7,1.

3°. Ouvrez sur $7^{ton.}$,1

4°. Portez aux eimers de Suede, vous aurez 51,65, qu'il faut entendre de 51 roubles 6 grives 5 copeks.

Aux démonstrations que l'on vient de lire, je vais faire suivre celles qui ont pour objet des opérations sur lesquelles il y a lieu à modifier les nombres des échelles; cela arrive souvent, soit dans le cas où elles ne se rapportent point aux nombres sur lesquels on doit compter, soit lorsque l'on veut fixer les valeurs des fractions des poids ou mesures, telles que le décigrave, le centicade, etc. ou des quantités telles que le dixain, le cent, etc., dans la proportion des unités.

EXEMPLES.

A 6000 liv. le bar, combien la livre, poids de marc ?

1°. Ouvrez le compas en prêtant trois chiffres sur 6000 liv. au poids de marc, article de Paris.

2°. Portez-le au bar, il marque 0,00294, en avançant la virgule de trois chiffres pour les trois que vous avez prêtés, fait 2 liv.,94 pour la livre, poids de marc.

A 68 liv. courantes le baril de Gêne, combien le cade ?

1°. Ouvrez le compas sur 68 livres de Gênes.

2°. Portez aux barils, il marque 905, c'est le prix du cade ; et portant la virgule trois chiffres de droite à gauche, il en résulte liv.,905 pour le cadil.

A 7 liv.,5 la livre de Montpellier, combien le bar et tous les poids qui en dérivent.

1°. Ouvrez le compas sur 7 bars,5.

2°. Portez-le aux livres de Montpellier, il marque 18700. c'est le prix du bar, rétrogradant ensuite d'un chiffre pour la différence du bar au décibar, vous aurez 1870 liv.,0, ainsi des autres divisions un chiffre à chacune jusqu'au milligravet qui donnera 0 liv.,0000 187.

CHAPITRE V.

Des Quintaux, poids de Marc.

Les échelles des quintaux serviront à faire connoître le poids des denrées et à établir les rapports entre les prix de celles qui se vendent à la mesure dans un lieu et au poids dans un autre.

EXEMPLES.

Combien un charriot portant 48 quintaux chargera-t-il d'huile à Marseille ?

1°. Ouvrez sur 48 quintaux d'huile.

2°. Portez aux mesures de Marseille, vous aurez 43 milleroles.

A 14 liv.,5 le quintal de bled, combien le boisseau de Paris.

1°. Ouvrez le compas sur 14 bois.,5 de Paris.

2°. Portez aux quintaux, il marque 2,9, qu'il faut entendre de 2 liv.,9.

Combien faut-il de boisseaux de bled, mesure de Paris, à un homme qui en mange une livre par jour ?

1°. Ouvrez le compas sur une année.

2°. Portez-le aux jours, il marque 365.

3°. Ouvrez sur 365 quintaux.

4°. Portez aux boisseaux de Paris, vous aurez 1800, retranchant deux chiffres pour la différence de la livre au quintal, reste 18, ce qu'il faut entendre de 18 boisseaux.

A 220 liv. la millerolle d'huile, à Marseille, combien le quintal et combien la livre, poids de marc.

1°. Ouvrez sur 220 quintaux d'huile.

2°. Portez aux millerolles, vous avez pour le quintal 195 liv. et pour la livre 1 liv.,95.

CHAPITRE VI.

De la pesanteur en graves de la capacité des mesures.

Ces échelles serviront comme les précédentes, sauf la différence du grave au quintal.

EXEMPLE.

A 40 liv. le septier de bled, mesure Paris, combien le grave ?

1°. Ouvrez le compas sur 40 graves de bled.

2°. Portez-le aux septiers de Paris, il marque, 34 qu'il faut entendre de $0^{\text{liv.}},34$.

CHAPITRE VII.

Des mesures du temps.

Les comptes qui doivent se faire sur les mesures du temps sont d'un intérêt général, et ne différent en rien des opérations relatives aux autres mesures.

EXEMPLE.

Combien celui qui possede 2800 liv. de rente a-t-il par jour à dépenser?

1°. Ouvrez le compas sur 2800 jours.

2°. Portez-le aux années à la premiere échelle, vous aurez $7^{\text{liv.}},67$.

NOTE. Les calculateurs pourront se donner la satisfaction de la preuve des opérations du compas, en multipliant le nombre figuré par chaque échelle en particulier (bien entendu que dans tous les cas, la partie supérieure doit être réunie à la partie inférieure) en multipliant, dis-je, les nombres des échelles, par les valeurs ou prix dont il est question; comme pour s'assurer de la derniere opération, par exemple, il faut multiplier d'une part 100 années, par 28000, & d'autre part 36524 jours, par 7,67, le premier résultat donne 2800000& le second 280139, c'est aussi près que l'on puisse arriver, en négligeant les fractions moindre des centimes: d'autres opérations exigeront des calculs plus compliqués, suivant la nature des comptes qui y seront relatifs; mais comme cette note ne s'adresse qu'aux gens de l'art, j'estime qu'il est inutile de donner d'autres explications.

Au premier apperçu de la valeur entiere de chaque échelle, en particulier, l'on pourra juger des rapports qu'il y a entre tous les différents poids, mesures & monnoies; on verra, par exemple, que 100 metres rendent 56cannes,11 de Toulouse, 100 livres de notre monnoie, 14925 reis de Portugal, &c.; & pour les rapports des unités, en rétrogradant de droite à gauche, la virgule de 2 chiffres, on verra que le metre répond à cannes611 & la livre à 149,reis25, ainsi chaque échelle rend au premier apperçu, en rétrogradant la virgule de deux chiffres, l'unité du poids, mesure ou monnoie de la République qui y correspond.

TABLE.

RÉPUBLIQUE FRANÇAISE.

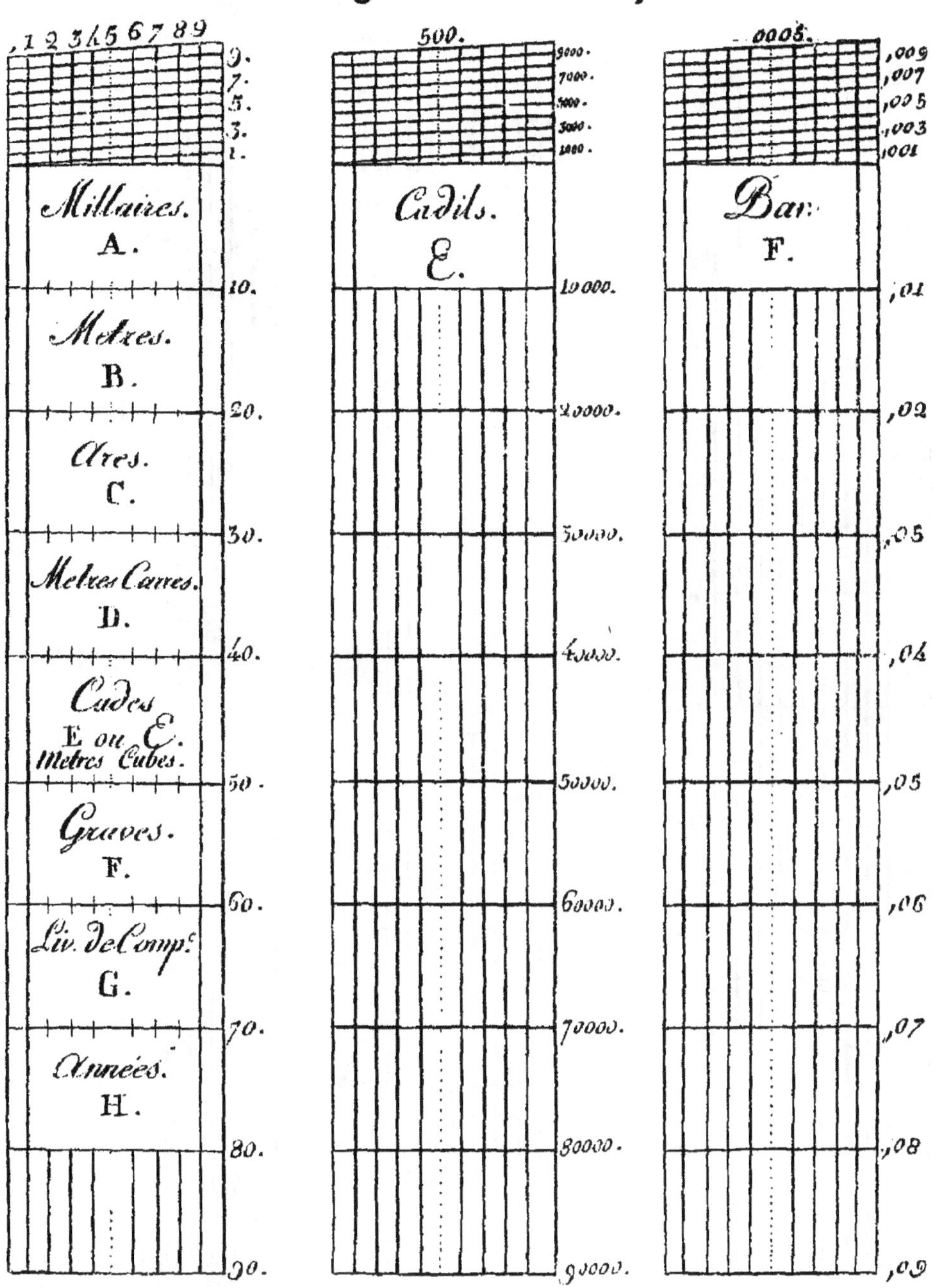

,1 2 3 4 5 6 7 8 9
9.
7.
5.
3.
1.
Millaires.
A.
10.
Metres.
B.
20.
Ares.
C.
30.
Metres Carres.
D.
40.
Cades
E ou E.
Metres Cubes.
50.
Graves.
F.
60.
Liv. de Comp.e
G.
70.
Années.
H.
80.
90.
500.
9000.
7000.
5000.
3000.
1000.
Cadils.
E.
10000.
20000.
30000.
40000.
50000.
60000.
70000.
80000.
90000.
,0005.
,009
,007
,005
,003
,001
Bar.
F.
,01
,02
,03
,04
,05
,06
,07
,08
,09

A

Angleterre.

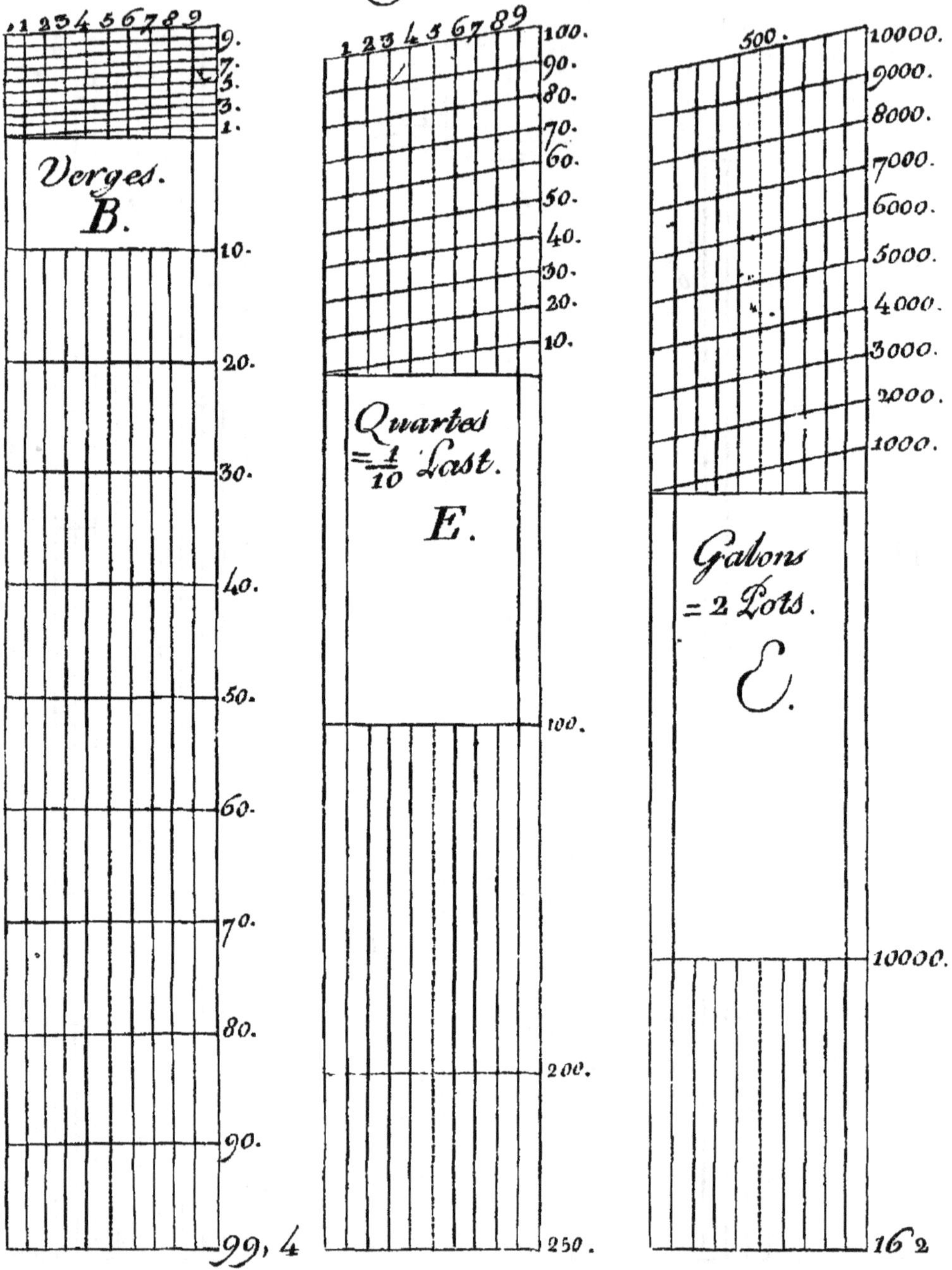

1 2 3 4 5 6 7 8 9
9. 7. 5. 3. 1.
Verges.
B.
10. 20. 30. 40. 50. 60. 70. 80. 90.
99, 4
1 2 3 4 5 6 7 8 9
100. 90. 80. 70. 60. 50. 40. 30. 20. 10.
Quartes = 1/10 Last.
E.
100.
200.
250.
500.
10000. 9000. 8000. 7000. 6000. 5000. 4000. 3000. 2000. 1000.
Galons = 2 Pots.
E.
10000.
162

B

Angleterre.

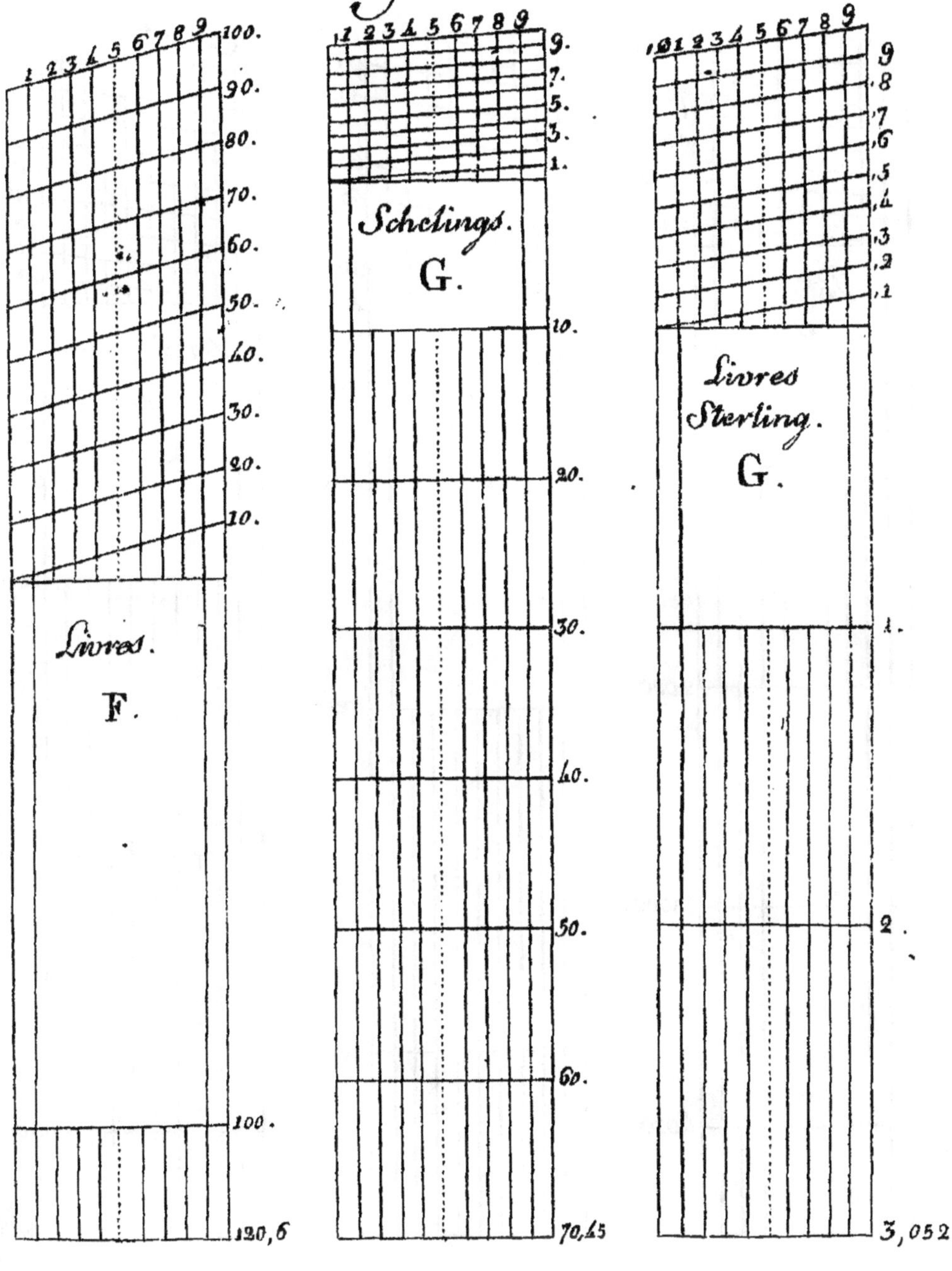
1 2 3 4 5 6 7 8 9
100.
90.
80.
70.
60.
50.
40.
30.
20.
10.
Livres.
F.
100.
120,6
1 2 3 4 5 6 7 8 9
9.
7.
5.
3.
1.
Schelings.
G.
10.
20.
30.
40.
50.
60.
70,45
1 2 3 4 5 6 7 8 9
,9
,8
,7
,6
,5
,4
,3
,2
,1
Livres
Sterling.
G.
1.
2.
3,052

C

Arques. Auxerre. Beaune.

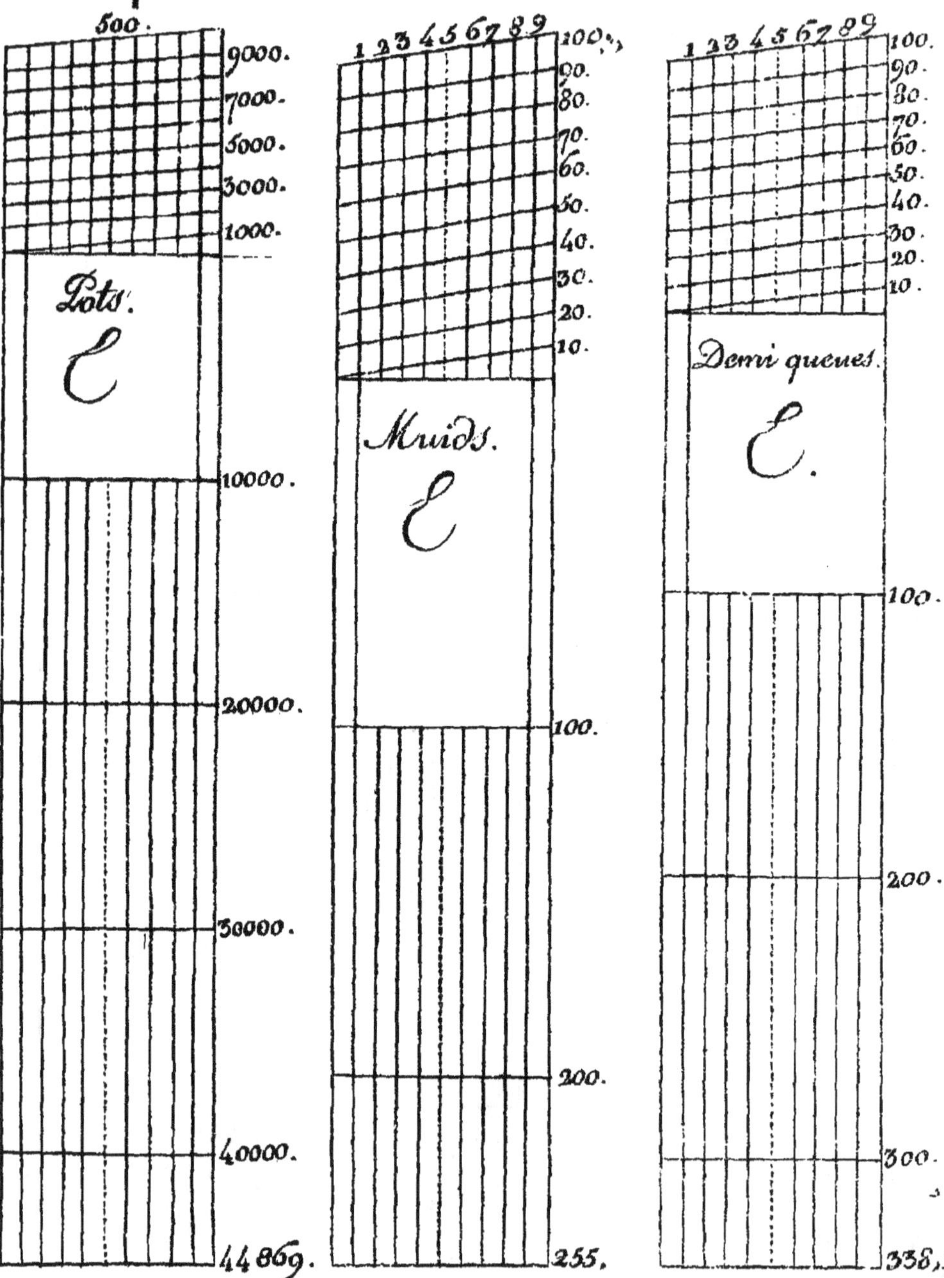

500.
9000.
7000.
5000.
3000.
1000.
Pots.
E
10000.
20000.
30000.
40000.
44869.
1 2 3 4 5 6 7 8 9
100.
90.
80.
70.
60.
50.
40.
30.
20.
10.
Muids.
E
100.
200.
255.
1 2 3 4 5 6 7 8 9
100.
90.
80.
70.
60.
50.
40.
30.
20.
10.
Demi queues.
E.
100.
200.
300.
338,1

Bordeaux.

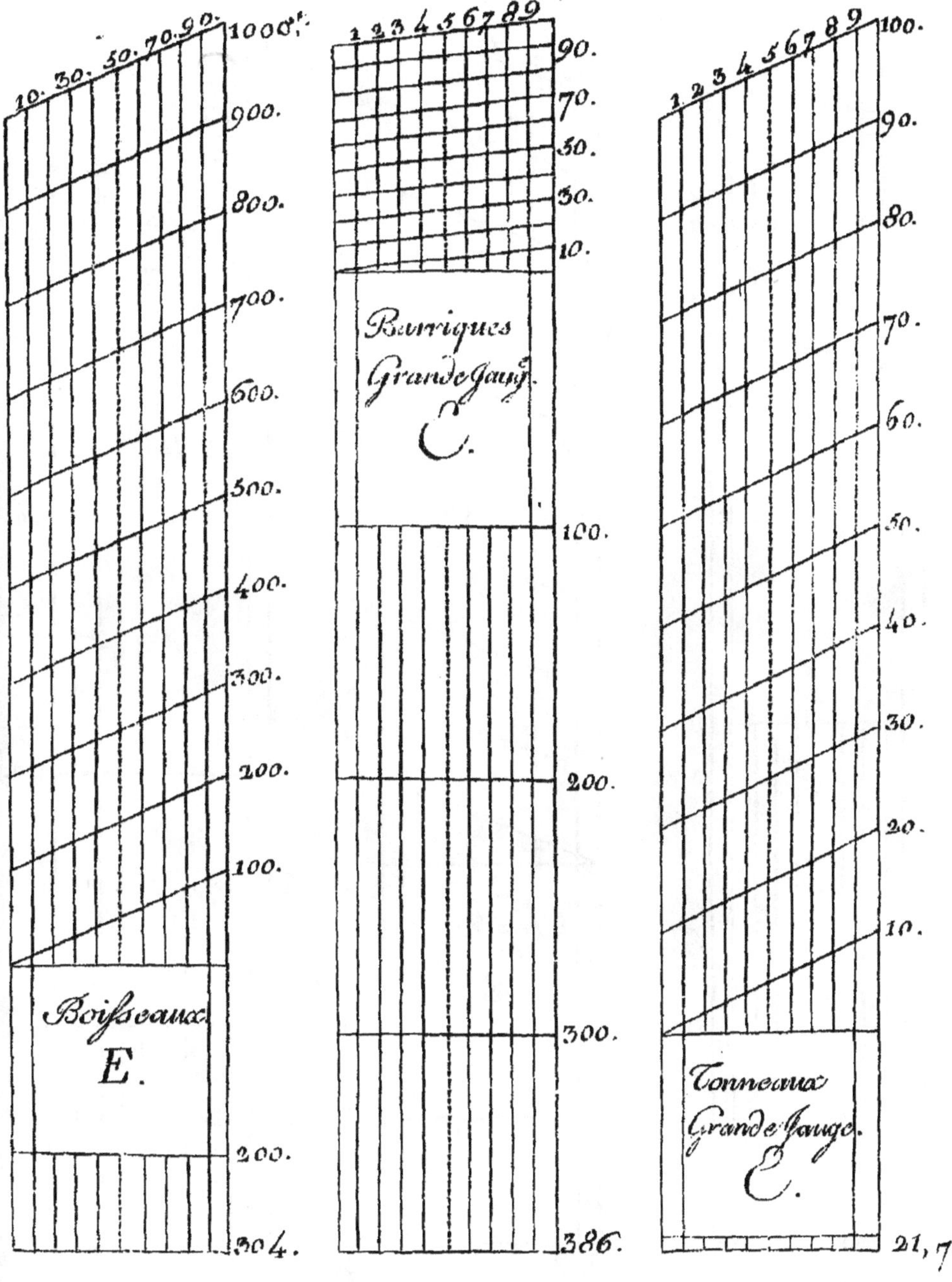

10. 30. 50. 70. 90.
1000.
900.
800.
700.
600.
500.
400.
300.
200.
100.
Boisseaux
E.
200.
304.
1 2 3 4 5 6 7 8 9
90.
70.
50.
30.
10.
Barriques
Grande Jauge.
E.
100.
200.
300.
386.
1 2 3 4 5 6 7 8 9
100.
90.
80.
70.
60.
50.
40.
30.
20.
10.
Tonneaux
Grande Jauge.
E.
21, 7

Brest. Castelnaudari. Cognac.

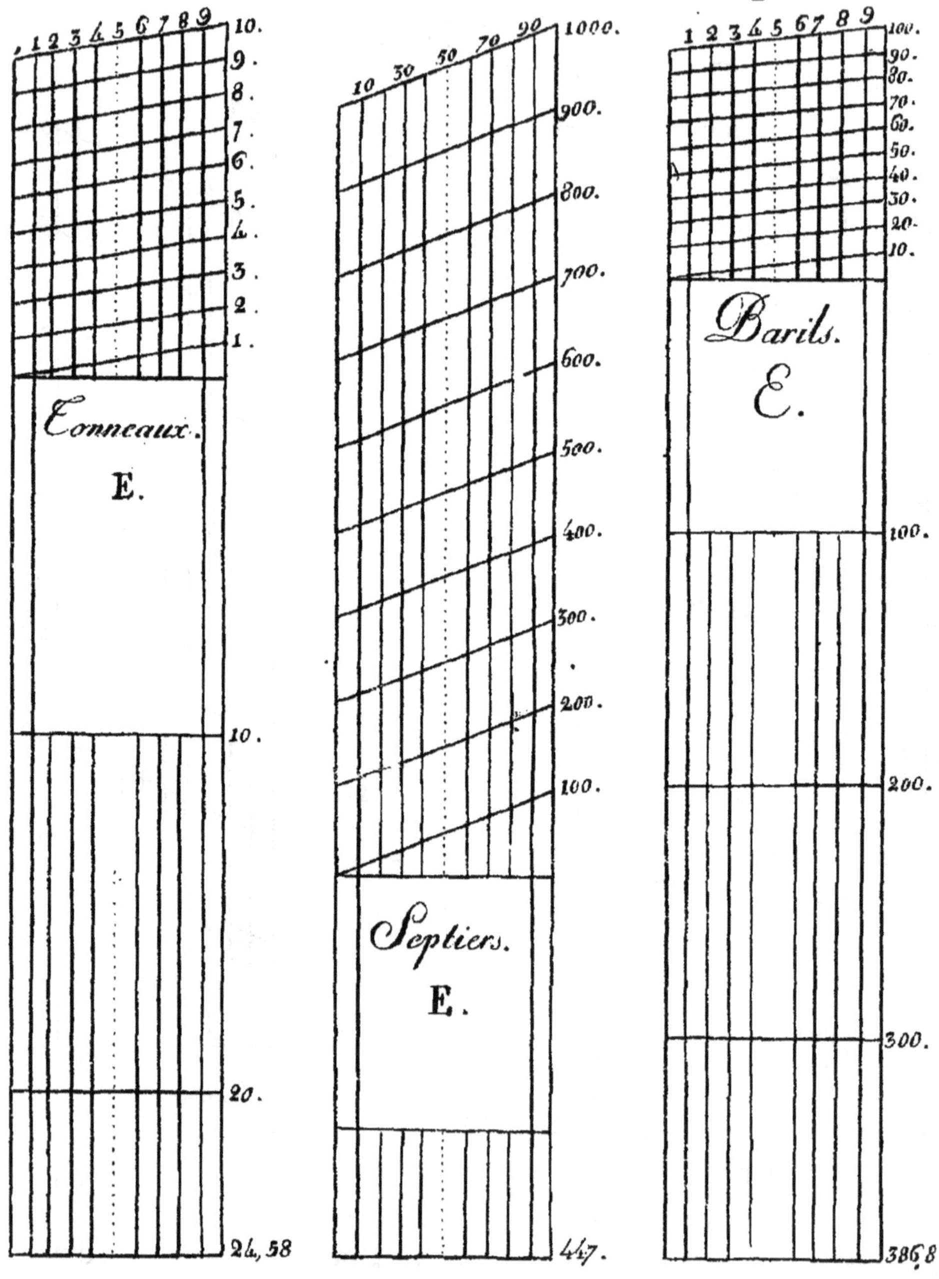

1 2 3 4 5 6 7 8 9
10. 9. 8. 7. 6. 5. 4. 3. 2. 1.
Tonneaux.
E.
10.
20.
24,58
10 30 50 70 90
1000. 900. 800. 700. 600. 500. 400. 300. 200. 100.
Septiers.
E.
447.
1 2 3 4 5 6 7 8 9
100. 90. 80. 70. 60. 50. 40. 30. 20. 10.
Barils.
E.
100.
200.
300.
386,8

Commune affranchie ou Lion.

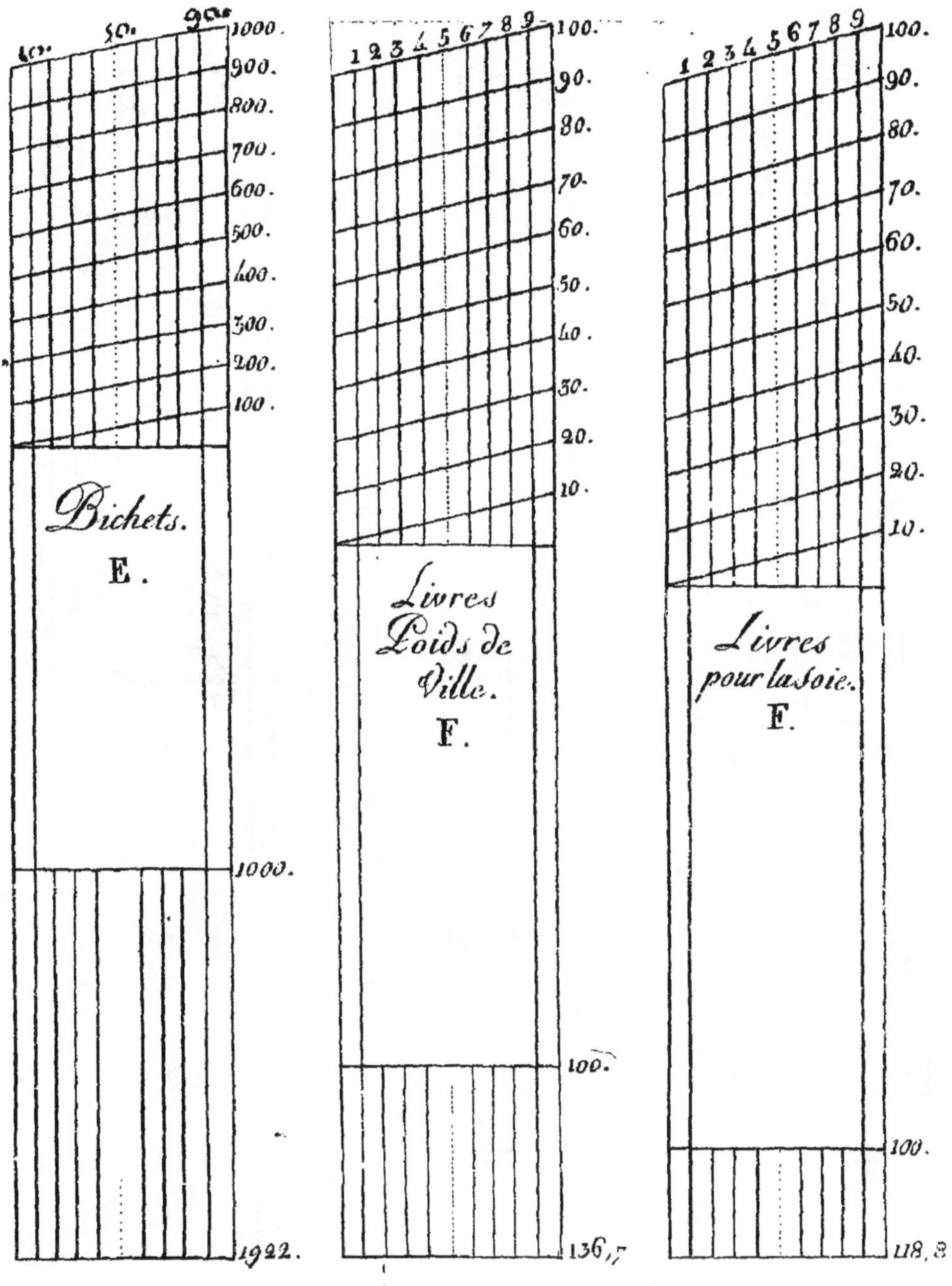

10.
50.
90.
1000.
900.
800.
700.
600.
500.
400.
300.
200.
100.
Bichets.
E.
1000.
1922.
1 2 3 4 5 6 7 8 9
100.
90.
80.
70.
60.
50.
40.
30.
20.
10.
Livres
Poids de
Ville.
F.
100.
136,7
1 2 3 4 5 6 7 8 9
100.
90.
80.
70.
60.
50.
40.
30.
20.
10.
Livres
pour la soie.
F.
100.
118,8

Dannemarc.

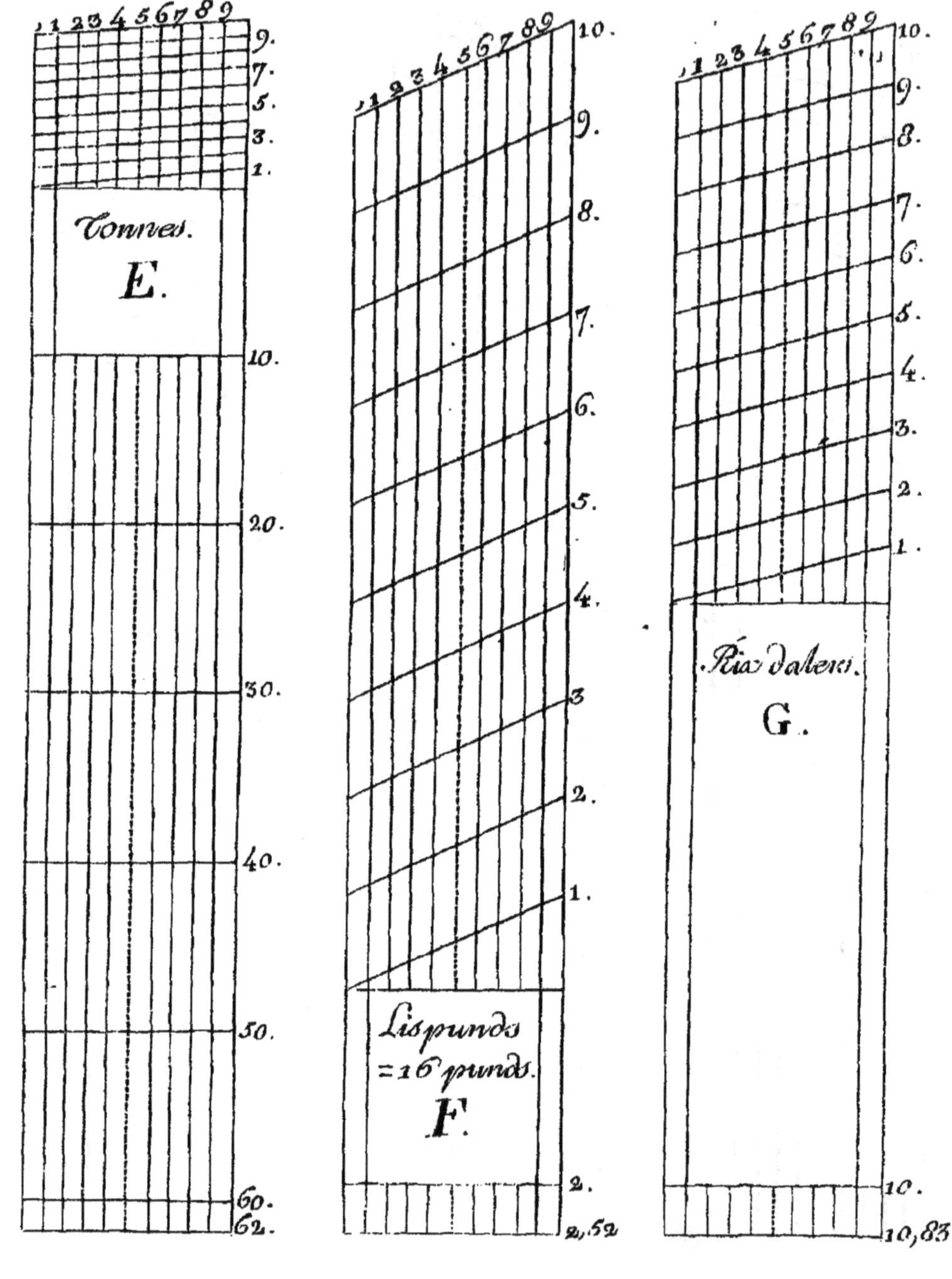

Tonnes.
E.
10.
20.
30.
40.
50.
60.
62.
Lispunds
=16 punds.
F.
2.
2,52
Rixdalers.
G.
10.
10,83

Dantzic.

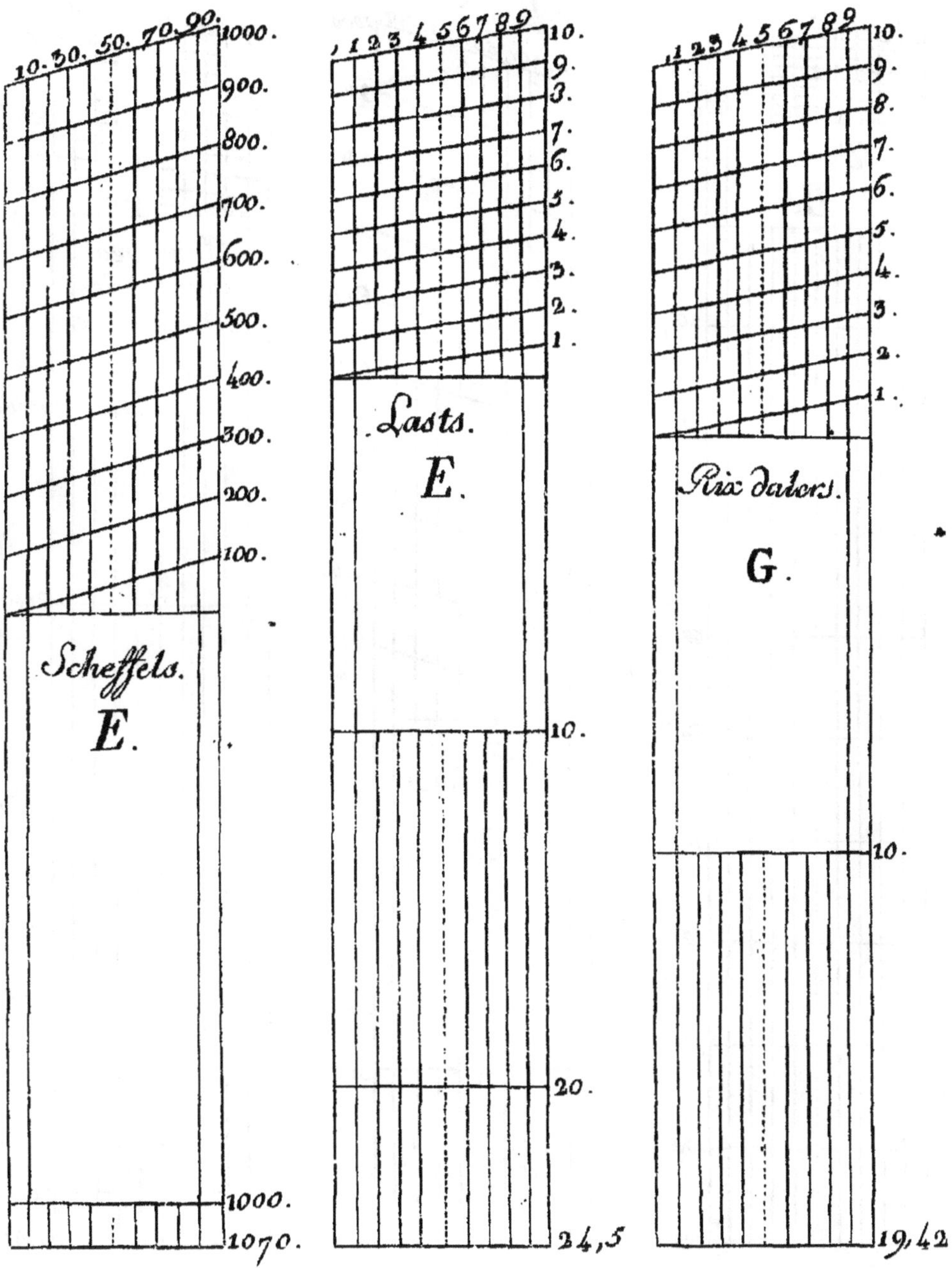

10. 30. 50. 70. 90.
1000.
900.
800.
700.
600.
500.
400.
300.
200.
100.
Scheffels.
E.
1000.
1070.
1 2 3 4 5 6 7 8 9
10.
9.
3.
7.
6.
5.
4.
3.
2.
1.
Lasts.
E.
10.
20.
24,5
1 2 3 4 5 6 7 8 9
10.
9.
8.
7.
6.
5.
4.
3.
2.
1.
Rix dalers.
G.
10.
19,42

Espagne.

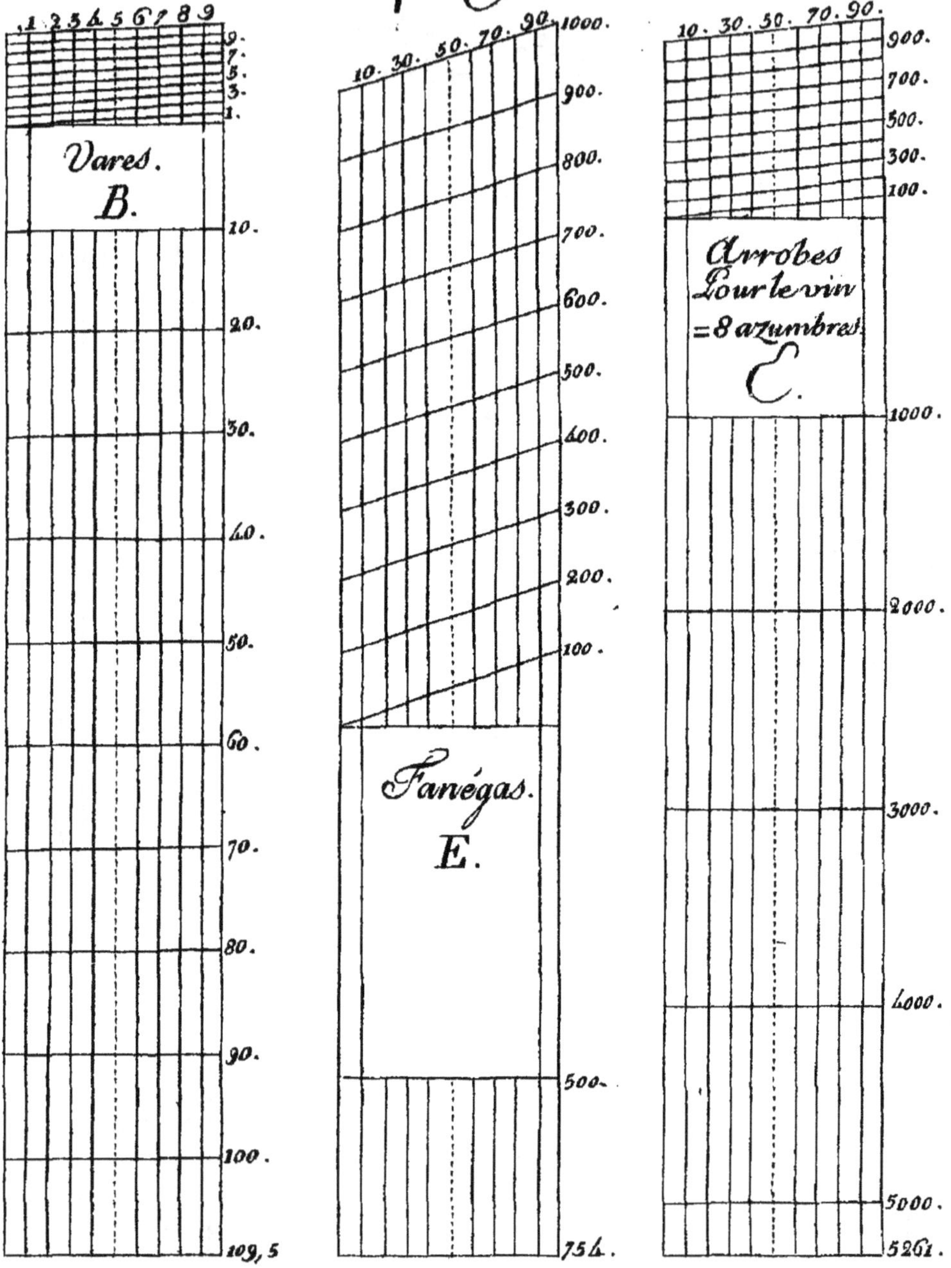

1 2 3 4 5 6 7 8 9

9. 7. 5. 3. 1.

Vares.
B.

10. 20. 30. 40. 50. 60. 70. 80. 90. 100. 109, 5

10. 30. 50. 70. 90.

1000. 900. 800. 700. 600. 500. 400. 300. 200. 100.

Fanégas.
E.

500. 754.

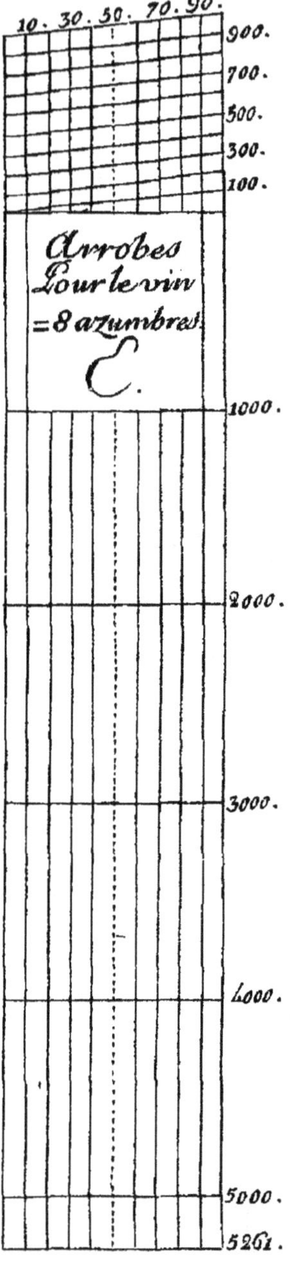
10. 30. 50. 70. 90.
900. 700. 500. 300. 100.
Arrobes
Pour le vin
=8 azumbres.
C.
1000. 2000. 3000. 4000. 5000. 5261.

Espagne.

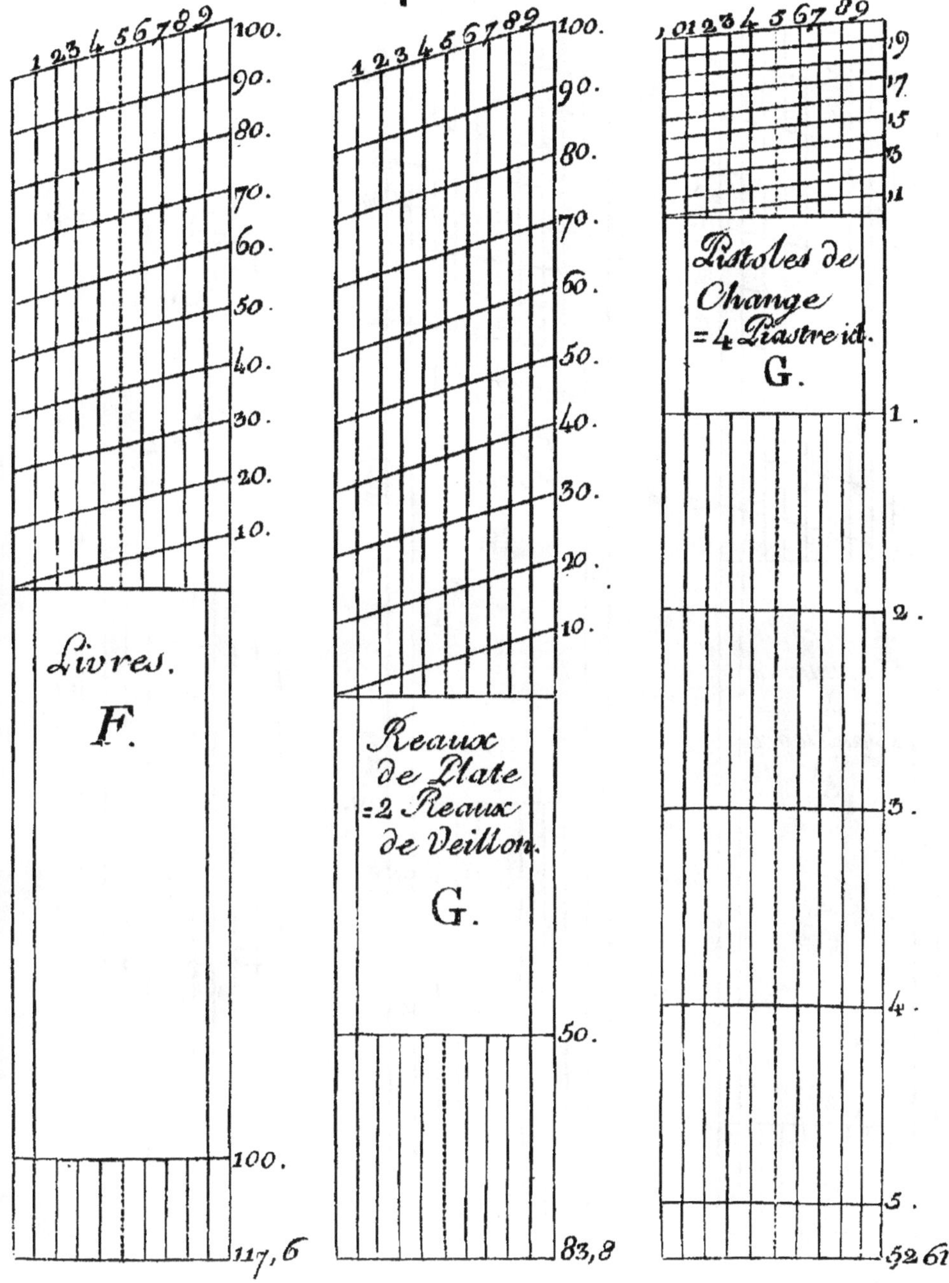

1 2 3 4 5 6 7 8 9
100.
90.
80.
70.
60.
50.
40.
30.
20.
10.
Livres.
F.
100.
117,6
1 2 3 4 5 6 7 8 9
100.
90.
80.
70.
60.
50.
40.
30.
20.
10.
Reaux de Plate =2 Reaux de Veillon.
G.
50.
83,8
,0 1 2 3 4 5 6 7 8 9
19
17
15
13
11
Pistoles de Change =4 Piastre id.
G.
1.
2.
3.
4.
5.
5,261

FRANCE.

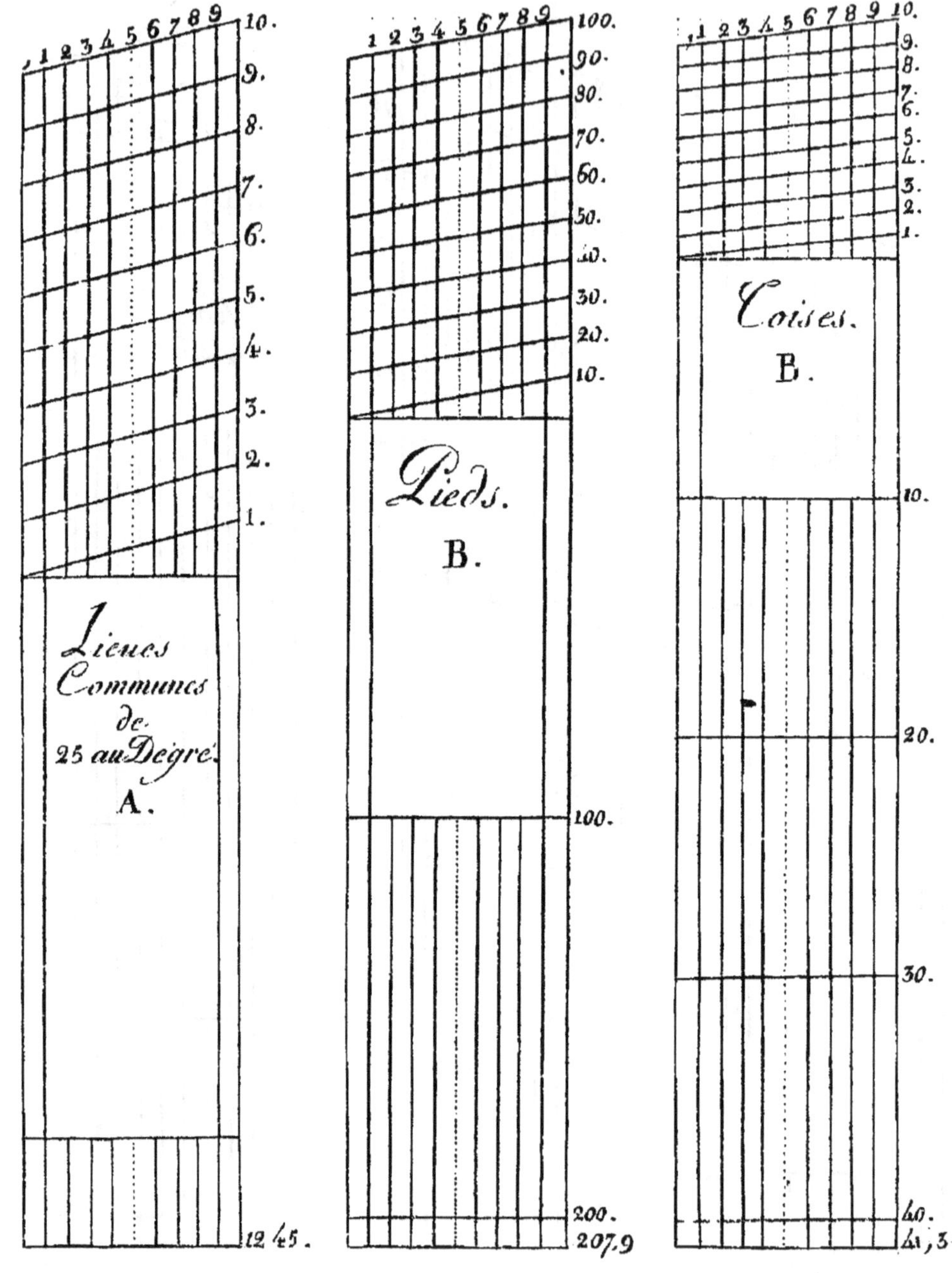

Lieues Communes de 25 au Degré. A.
Pieds. B.
Coises. B.
207,9
12,45.
41,3

FRANCE.

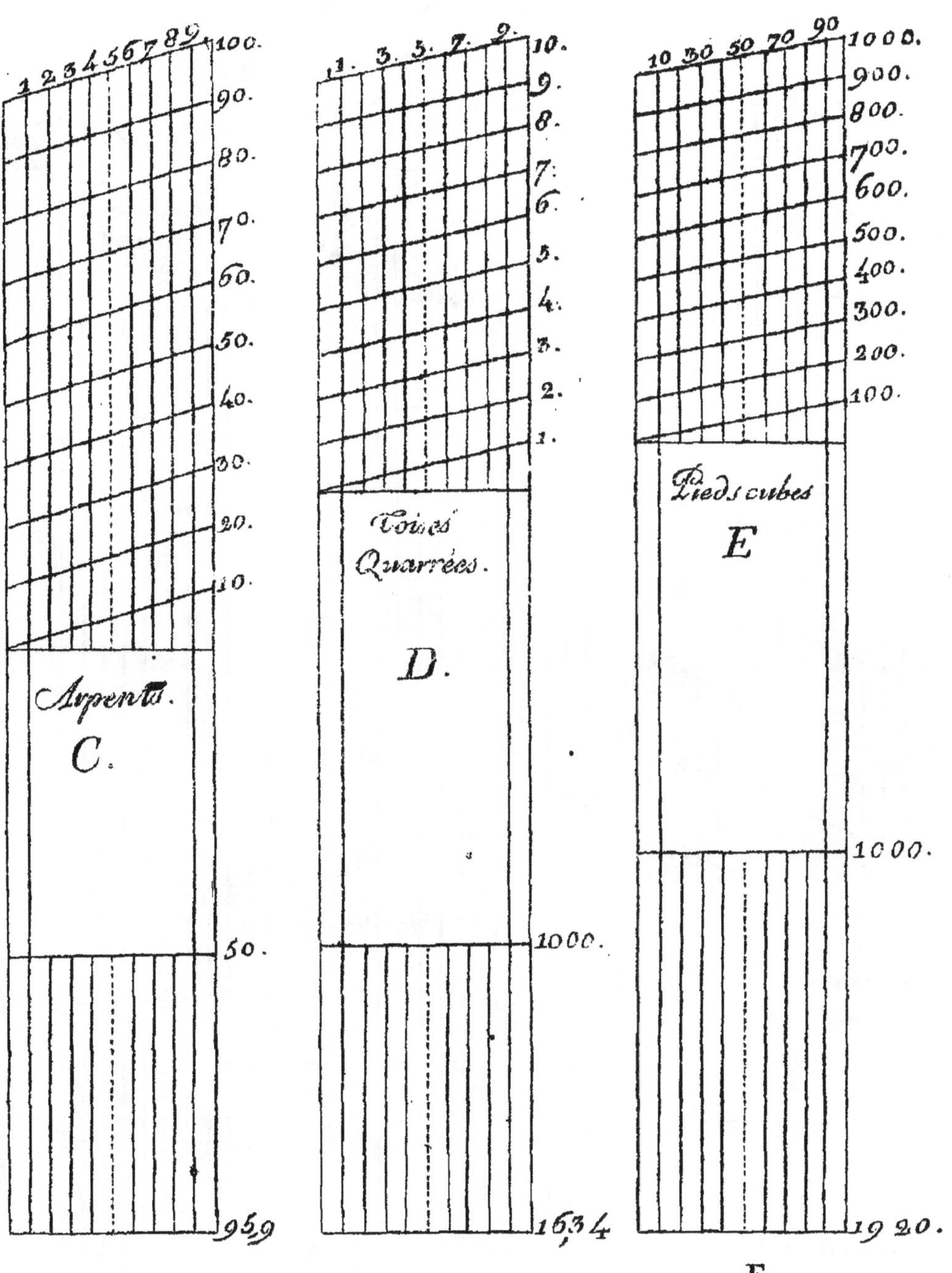

1 2 3 4 5 6 7 8 9
100. 90. 80. 70. 60. 50. 40. 30. 20. 10.
Arpents.
C.
50.
959
1. 3. 5. 7. 9.
10. 9. 8. 7. 6. 5. 4. 3. 2. 1.
Toises Quarrées.
D.
1000.
1634
10 30 50 70 90
1000. 900. 800. 700. 600. 500. 400. 300. 200. 100.
Pieds cubes
E
1000.
1920.

E

France.

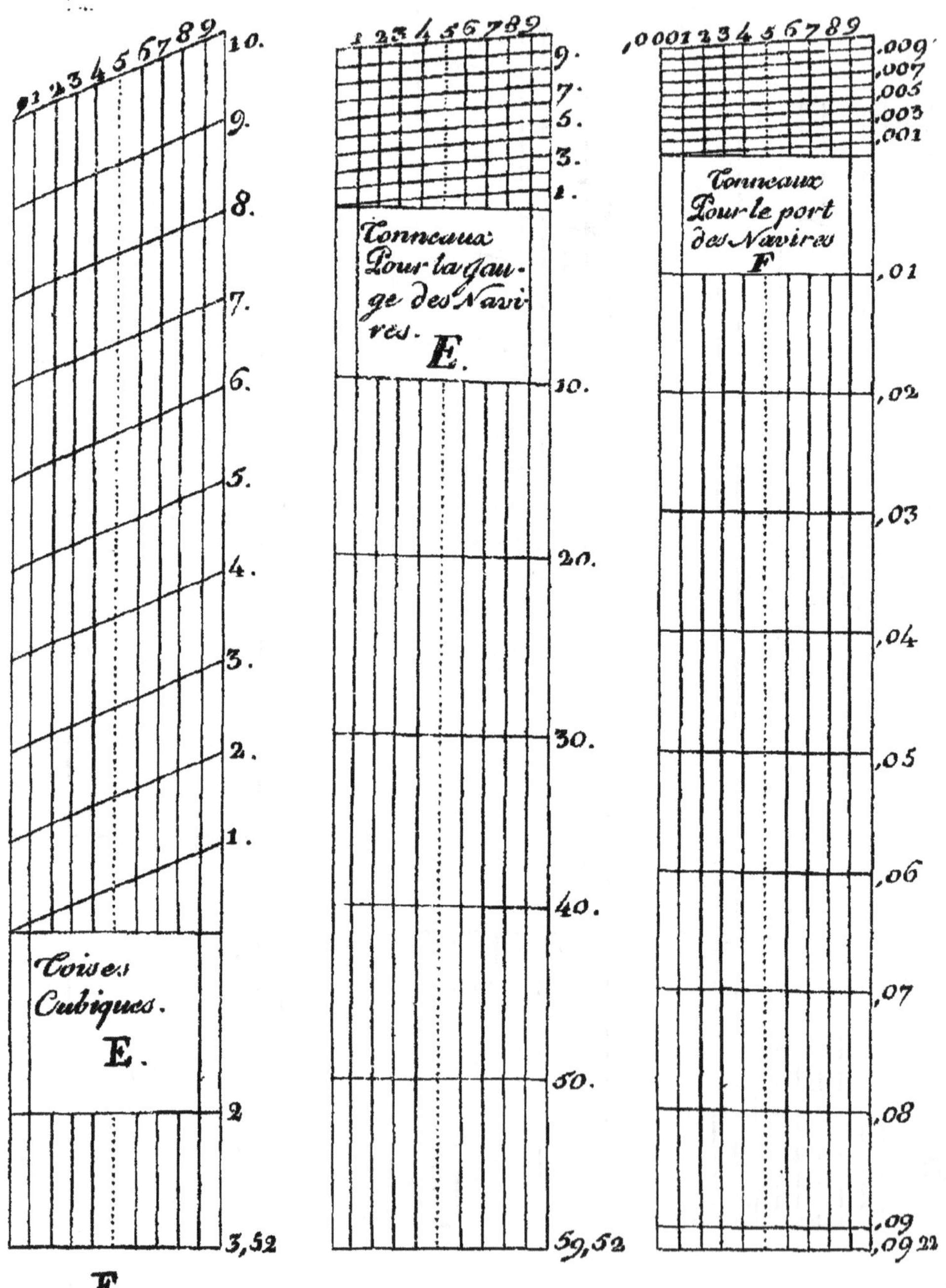
Toises Cubiques.
E.
F
Tonneaux Pour la Jauge des Navires.
E.
Tonneaux Pour le port des Navires
F
3,52
59,52
,0922

Gênes.

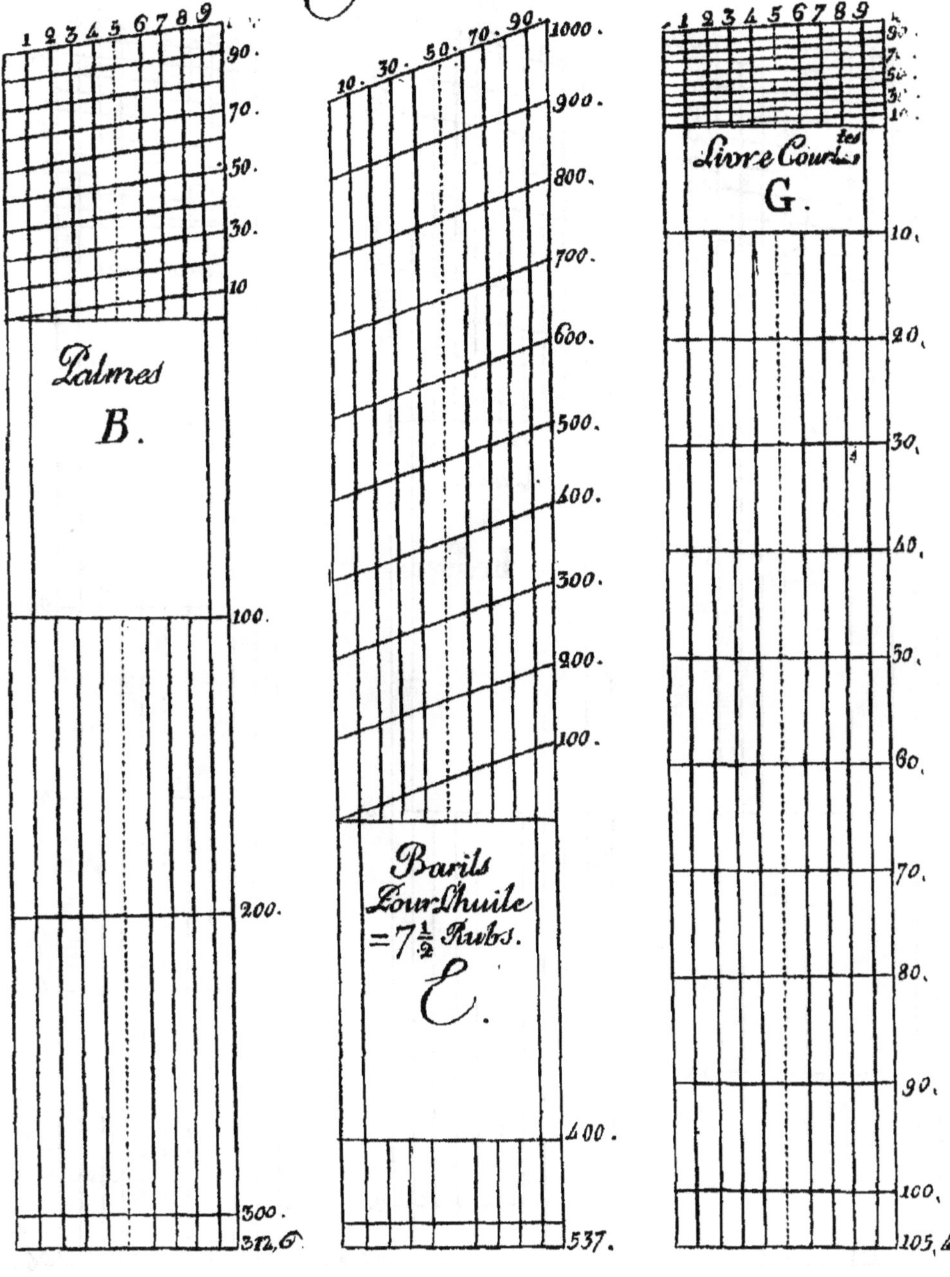
1 2 3 4 5 6 7 8 9
90. 70. 50. 30. 10
Palmes
B.
100. 200. 300. 312,6
10. 30. 50. 70. 90.
1000. 900. 800. 700. 600. 500. 400. 300. 200. 100.
Barils
Pour l'huile
=7 1/2 Rubs.
E.
400. 537.
1 2 3 4 5 6 7 8 9
Livre Courtes
G.
10. 20. 30. 40. 50. 60. 70. 80. 90. 100. 105,4

Hambourg.

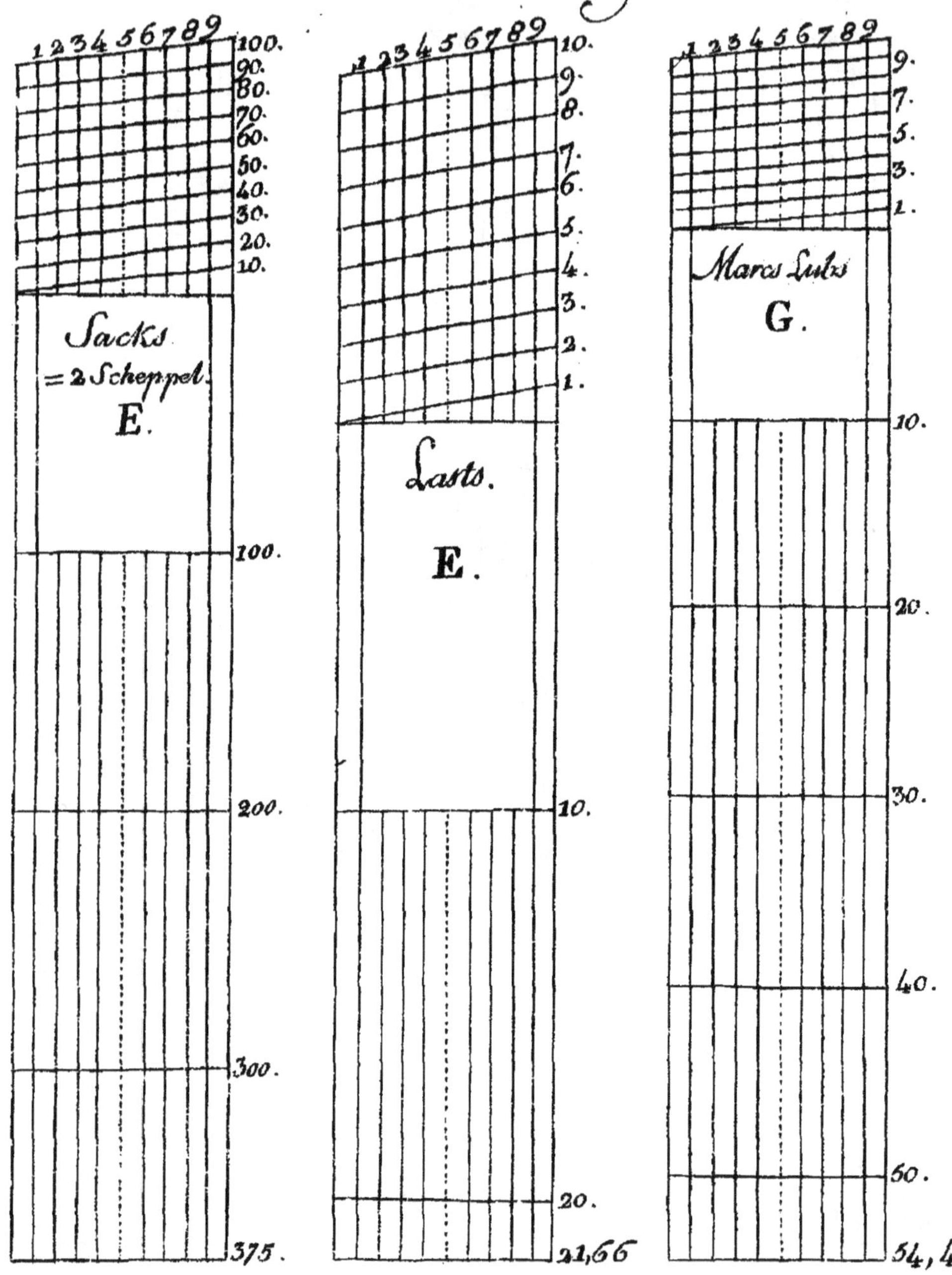

1 2 3 4 5 6 7 8 9
100.
90.
80.
70.
60.
50.
40.
30.
20.
10.
Sacks
= 2 Scheppel.
E.
100.
200.
300.
375.
1 2 3 4 5 6 7 8 9
10.
9.
8.
7.
6.
5.
4.
3.
2.
1.
Lasts.
E.
10.
20.
21,66
1 2 3 4 5 6 7 8 9
9.
7.
5.
3.
1.
Marcs Lubs
G.
10.
20.
30.
40.
50.
54,43

Hollande.

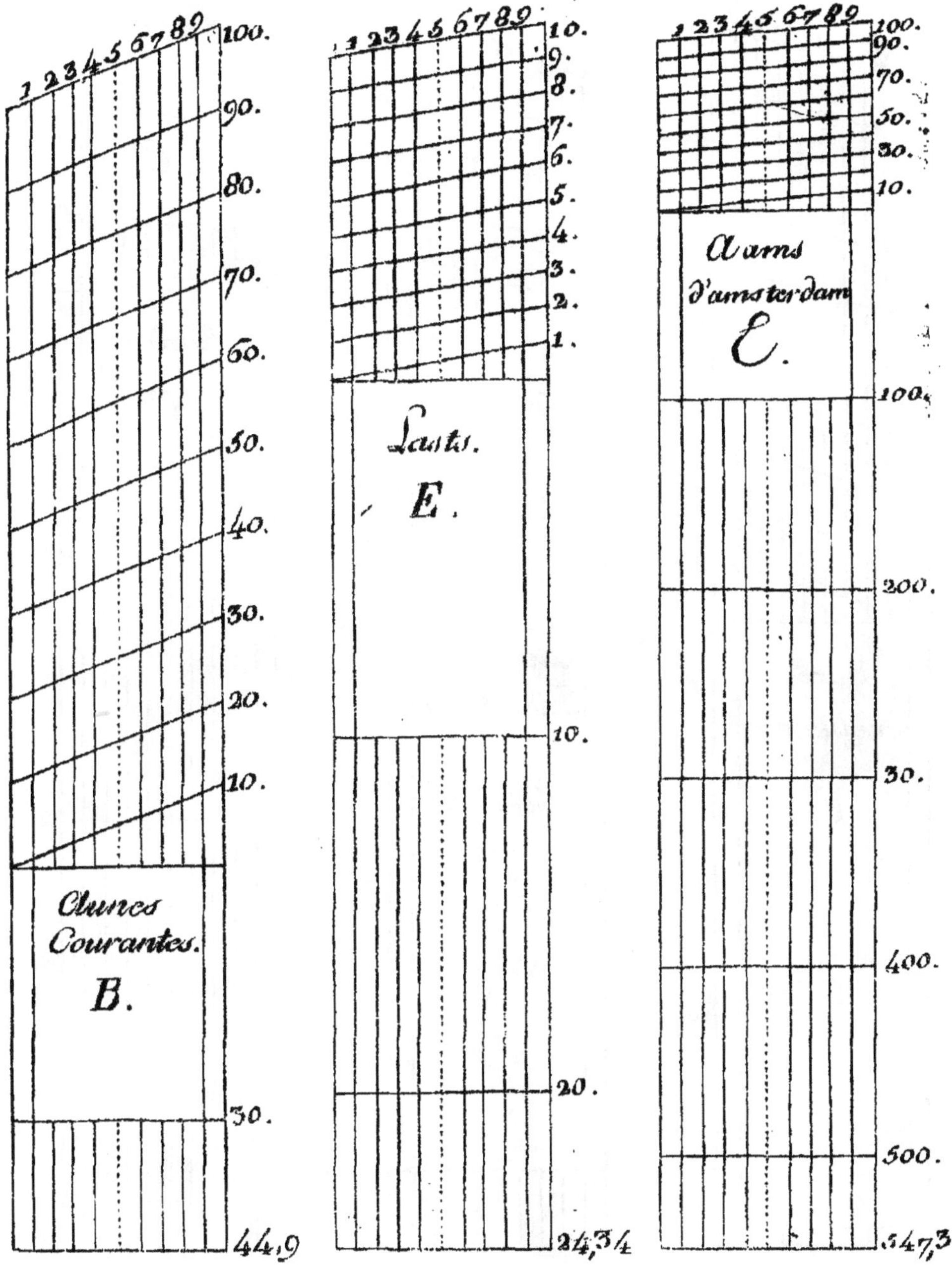

Aunes Courantes.
B.
Lasts.
E.
Aams d'amsterdam
C.
44,9
24,34
547,3

Hollande.

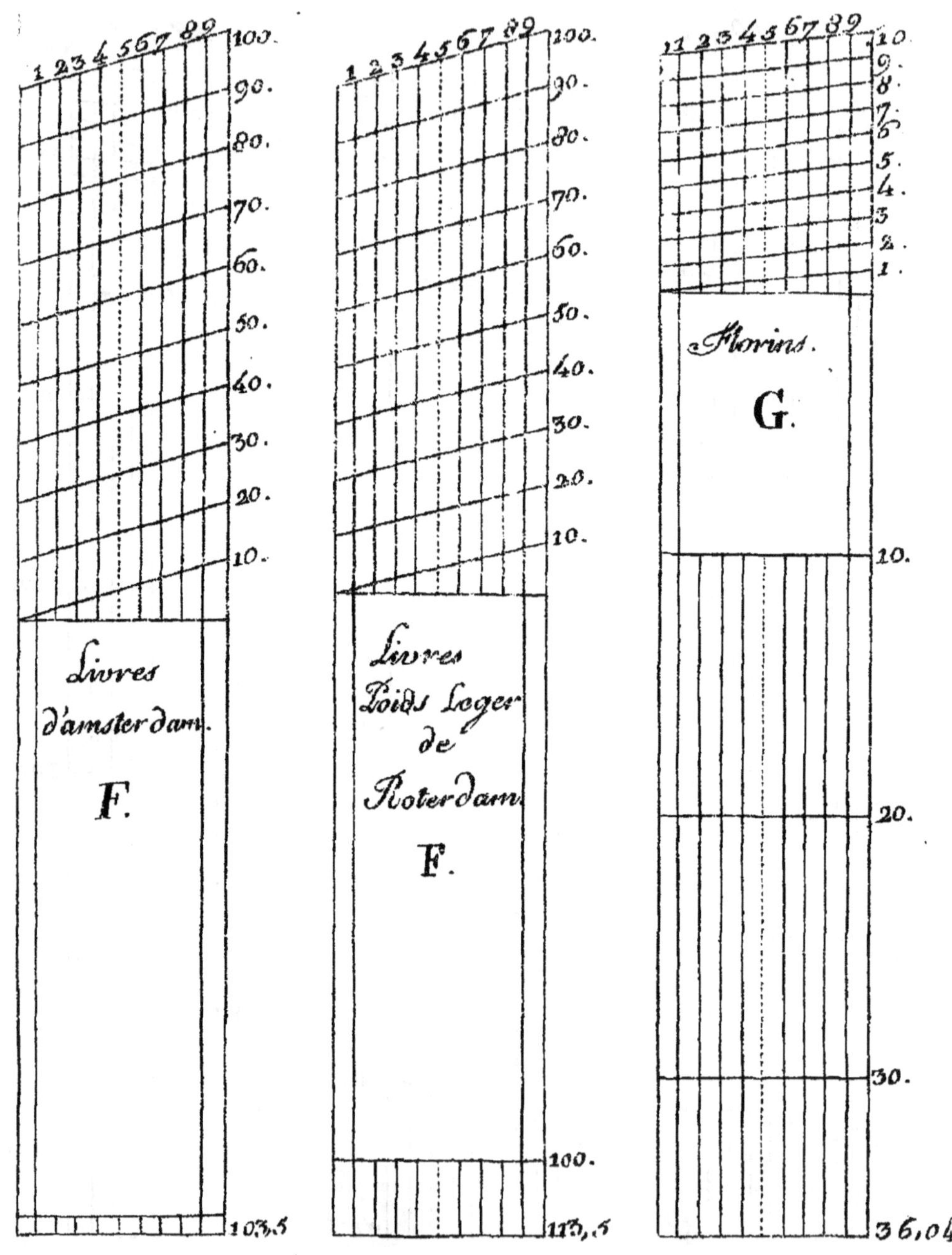

1 2 3 4 5 6 7 8 9
100.
90.
80.
70.
60.
50.
40.
30.
20.
10.
Livres d'amsterdam.
F.
103,5
1 2 3 4 5 6 7 8 9
100.
90.
80.
70.
60.
50.
40.
30.
20.
10.
Livres Poids Leger de Roterdam.
F.
100.
113,5
1 2 3 4 5 6 7 8 9
10
9
8
7
6
5
4
3
2
1
Florins.
G.
10.
20.
30.
36,04

Laval. Lhermitage. Lille.

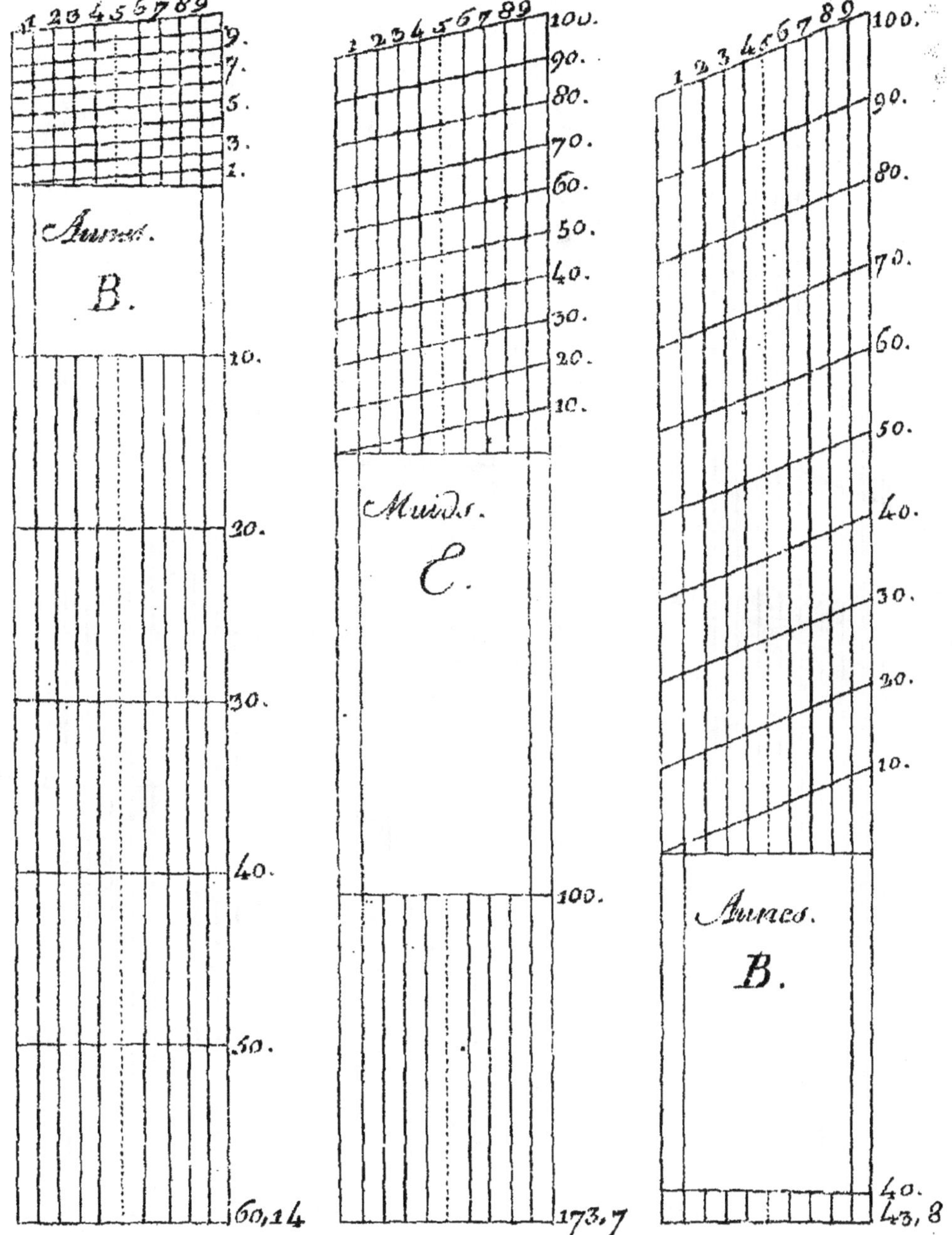

1 2 3 4 5 6 7 8 9
9. 7. 5. 3. 1.
Aunes.
B.
10. 20. 30. 40. 50. 60,14
1 2 3 4 5 6 7 8 9
100. 90. 80. 70. 60. 50. 40. 30. 20. 10.
Muids.
C.
100. 173,7
1 2 3 4 5 6 7 8 9
100. 90. 80. 70. 60. 50. 40. 30. 20. 10.
Aunes.
B.
40. 43,8

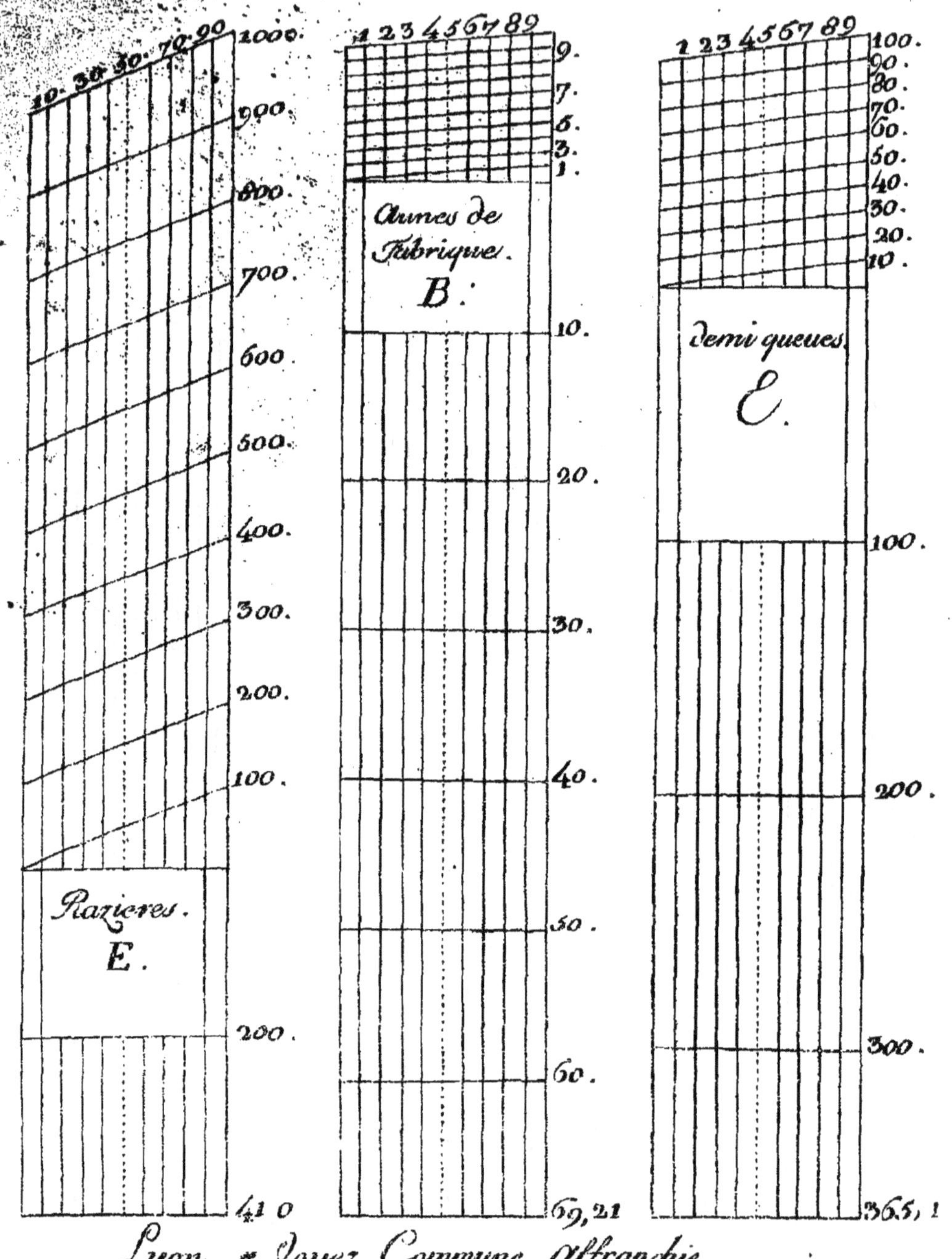
Lille. Louviera. Macon
10. 30. 50. 70. 90
1000. 900. 800. 700. 600. 500. 400. 300. 200. 100.
Razieres.
E.
200.
410
1 2 3 4 5 6 7 8 9
9. 7. 6. 3. 1.
Aunes de Fabrique.
B.
10. 20. 30. 40. 50. 60.
69,21
1 2 3 4 5 6 7 8 9
100. 90. 80. 70. 60. 50. 40. 30. 20. 10.
demi queues.
E.
100. 200. 300.
365,1
Lyon * Voyez Commune Affranchie.

Marseille.

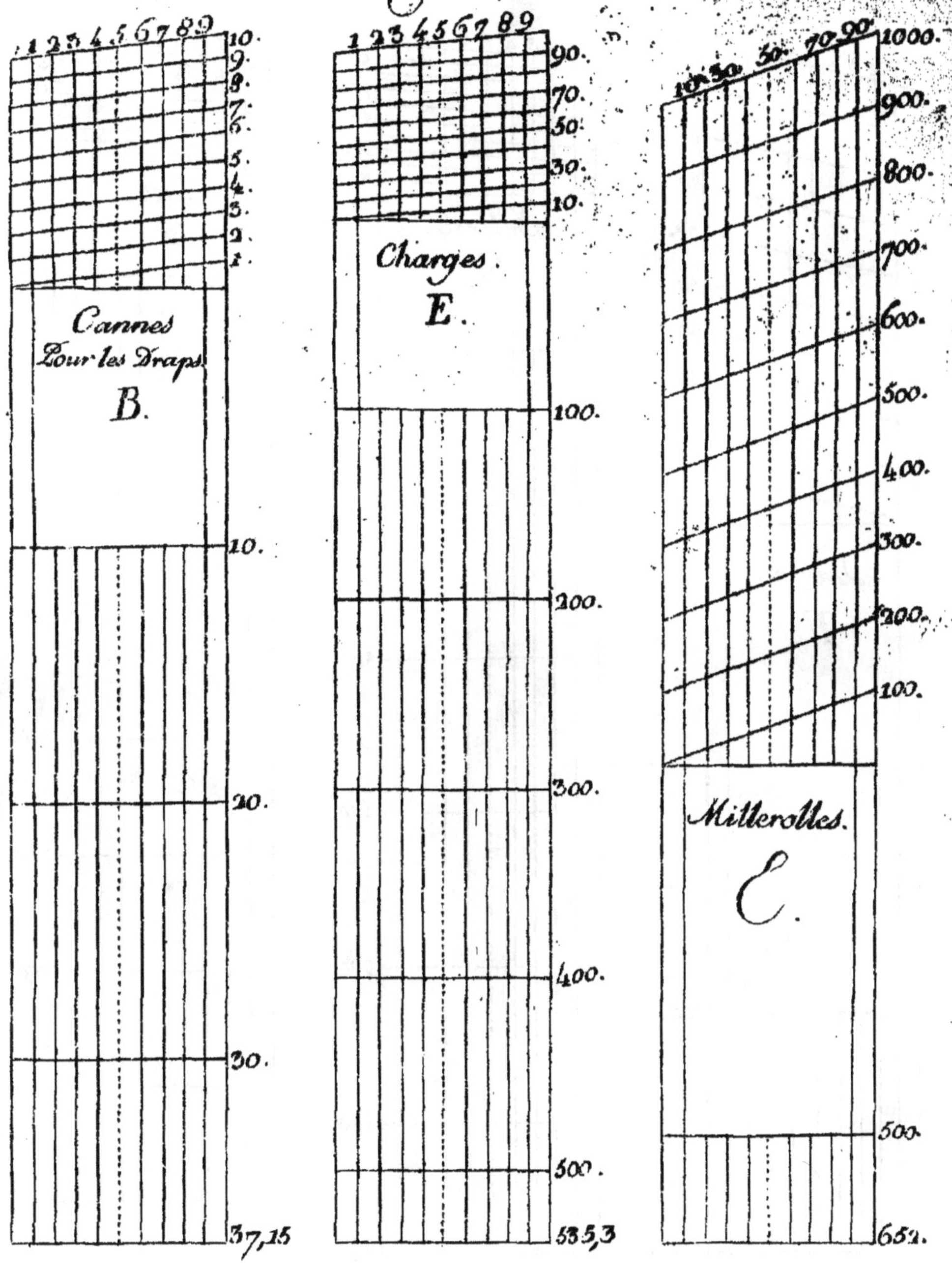

1 2 3 4 5 6 7 8 9
10. 9. 8. 7. 6. 5. 4. 3. 2. 1.
Cannes
Pour les Draps.
B.
10.
20.
30.
37,15
1 2 3 4 5 6 7 8 9
90. 70. 50. 30. 10.
Charges.
E.
100.
200.
300.
400.
500.
535,3
10 30 50 70 90
1000.
900.
800.
700.
600.
500.
400.
300.
200.
100.
Millerolles.
E.
500.
652.

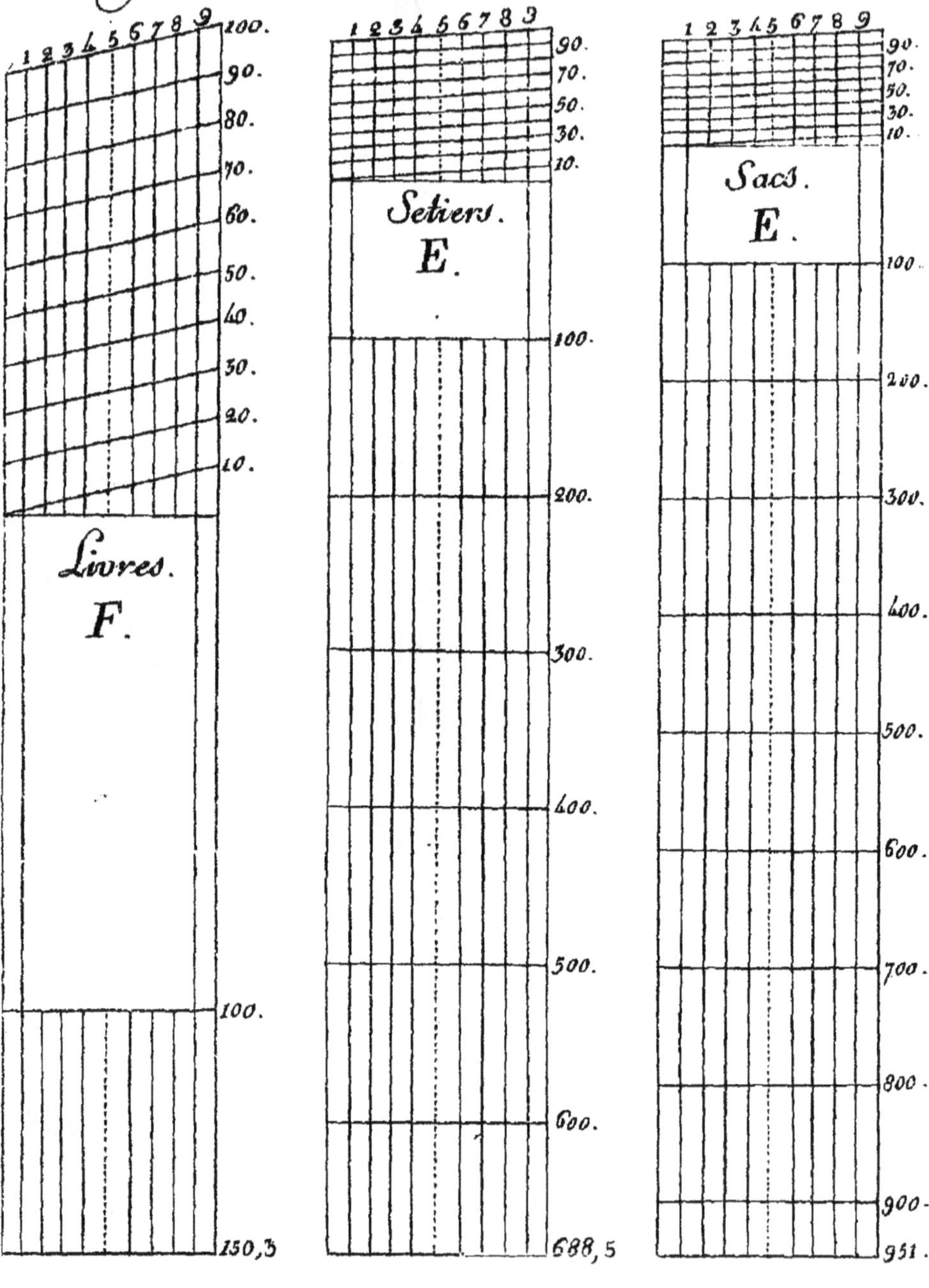

Marseille.
Meaux.
Montauban
1 2 3 4 5 6 7 8 9
100.
90.
80.
70.
60.
50.
40.
30.
20.
10.
Livres.
F.
100.
150,3
1 2 3 4 5 6 7 8 9
90.
70.
50.
30.
10.
Setiers.
E.
100.
200.
300.
400.
500.
600.
688,5
1 2 3 4 5 6 7 8 9
90.
70.
50.
30.
10.
Sacs.
E.
100.
200.
300.
400.
500.
600.
700.
800.
900.
951.

Montpellier.

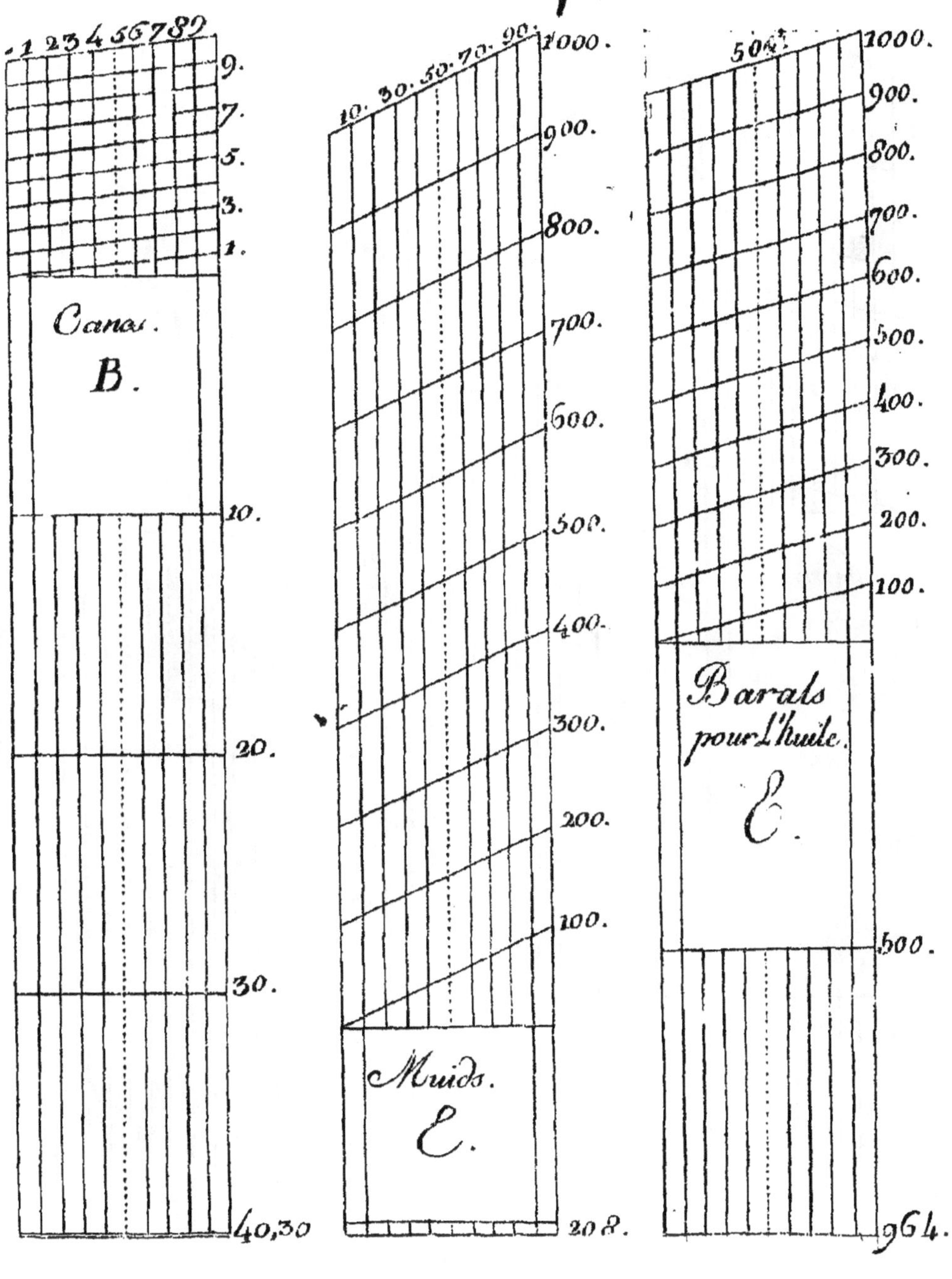

1 2 3 4 5 6 7 8 9
9. 7. 5. 3. 1.
Canas.
B.
10.
20.
30.
40,30
10. 30. 50. 70. 90.
1000.
900.
800.
700.
600.
500.
400.
300.
200.
100.
Muids.
E.
208.
50.
1000.
900.
800.
700.
600.
500.
400.
300.
200.
100.
Barals pour l'huile.
E.
500.
964.

Montpellier. Morlaix. Nantes.

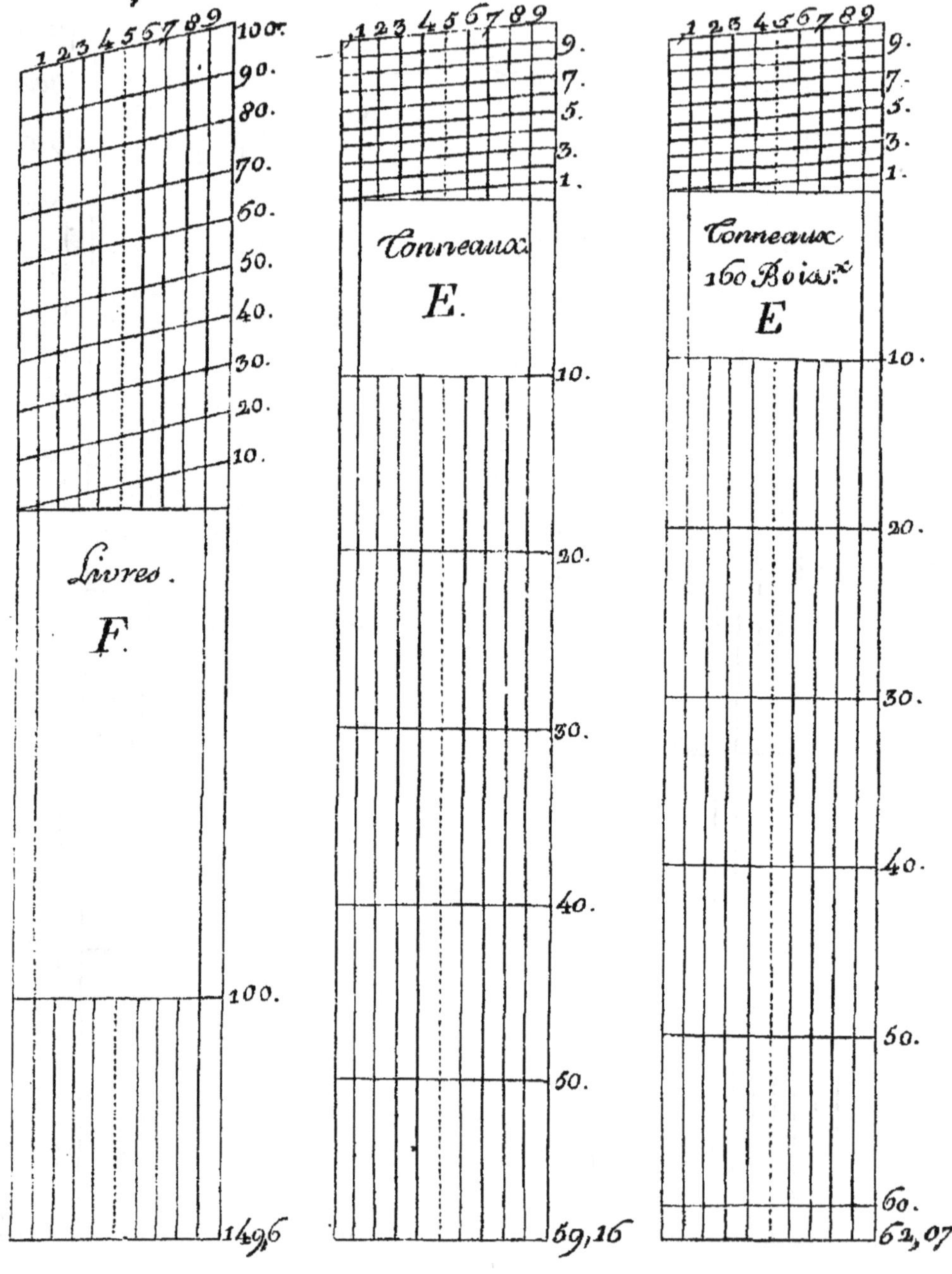
1 2 3 4 5 6 7 8 9
100.
90.
80.
70.
60.
50.
40.
30.
20.
10.
Livres.
F.
100.
1496
1 2 3 4 5 6 7 8 9
9.
7.
5.
3.
1.
Tonneaux
E.
10.
20.
30.
40.
50.
59,16
1 2 3 4 5 6 7 8 9
9.
7.
5.
3.
1.
Tonneaux
160 Boiss.x
E
10.
20.
30.
40.
50.
60.
62,07

Naples.

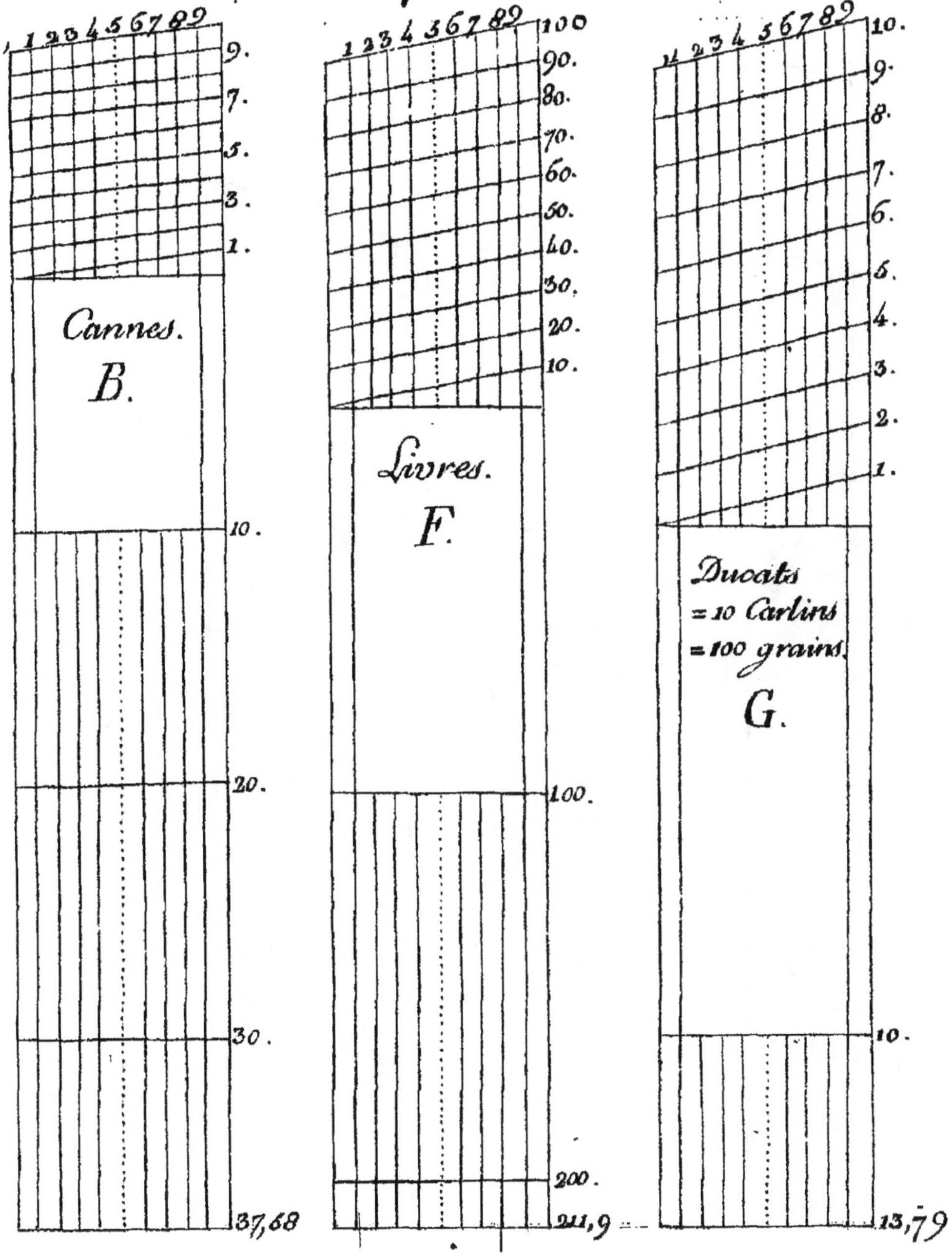

1 2 3 4 5 6 7 8 9
9. 7. 5. 3. 1.

Cannes.

B.

10. 20. 30. 37,68

1 2 3 4 5 6 7 8 9 100
90. 80. 70. 60. 50. 40. 30. 20. 10.

Livres.

F.

100. 200. 211,9

1 2 3 4 5 6 7 8 9 10.
9. 8. 7. 6. 5. 4. 3. 2. 1.

Ducats
= 10 Carlins
= 100 grains.

G.

10. 13,79

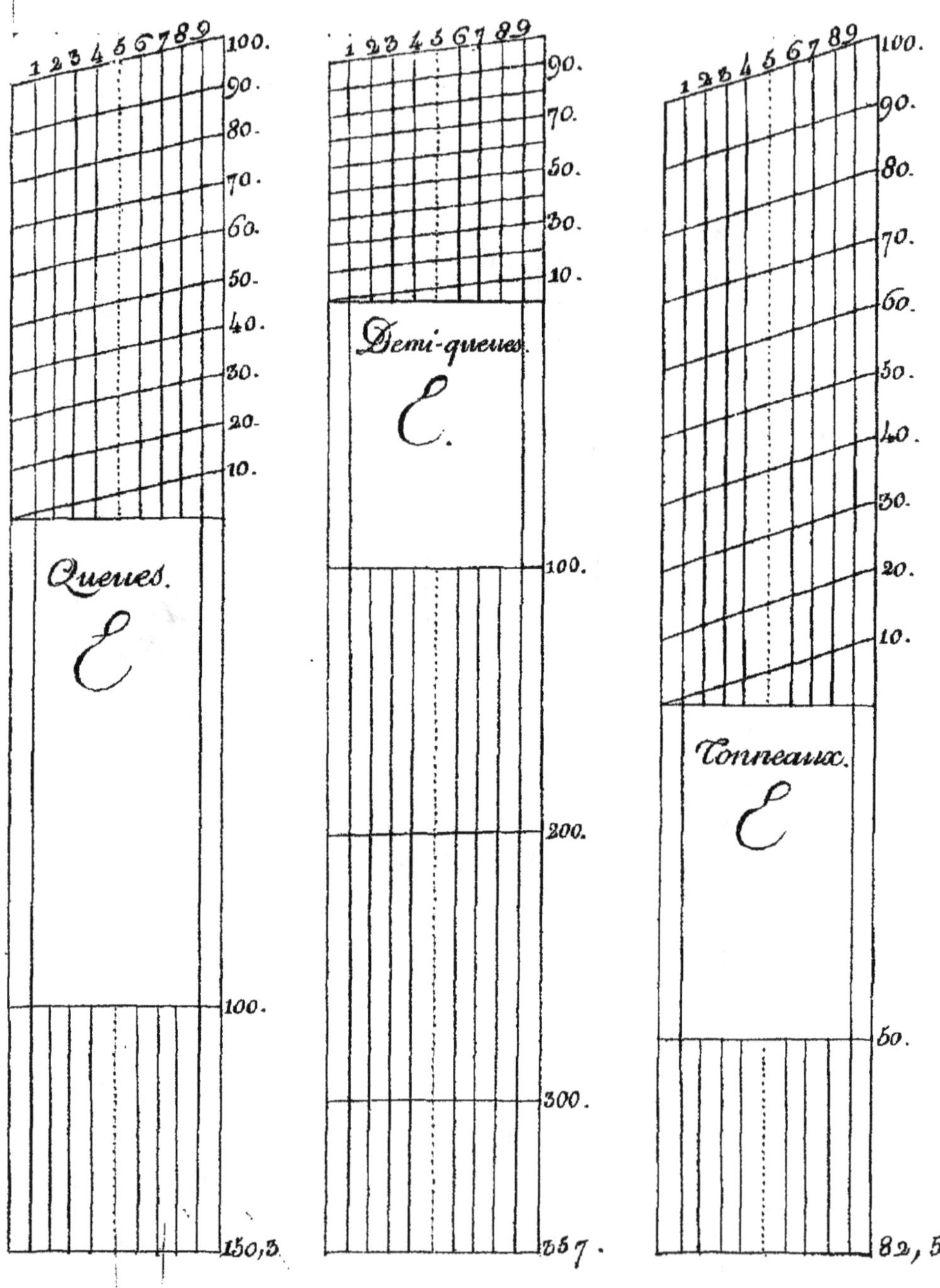
Nuis.
Orléans.
Orléans.
1 2 3 4 5 6 7 8 9
100.
90.
80.
70.
60.
50.
40.
30.
20.
10.
Queues.
E
100.
150,3.
1 2 3 4 5 6 7 8 9
90.
70.
50.
30.
10.
Demi-queues.
E.
100.
200.
300.
357.
1 2 3 4 5 6 7 8 9
100.
90.
80.
70.
60.
50.
40.
30.
20.
10.
Tonneaux.
E
50.
82,5
H

Paris.

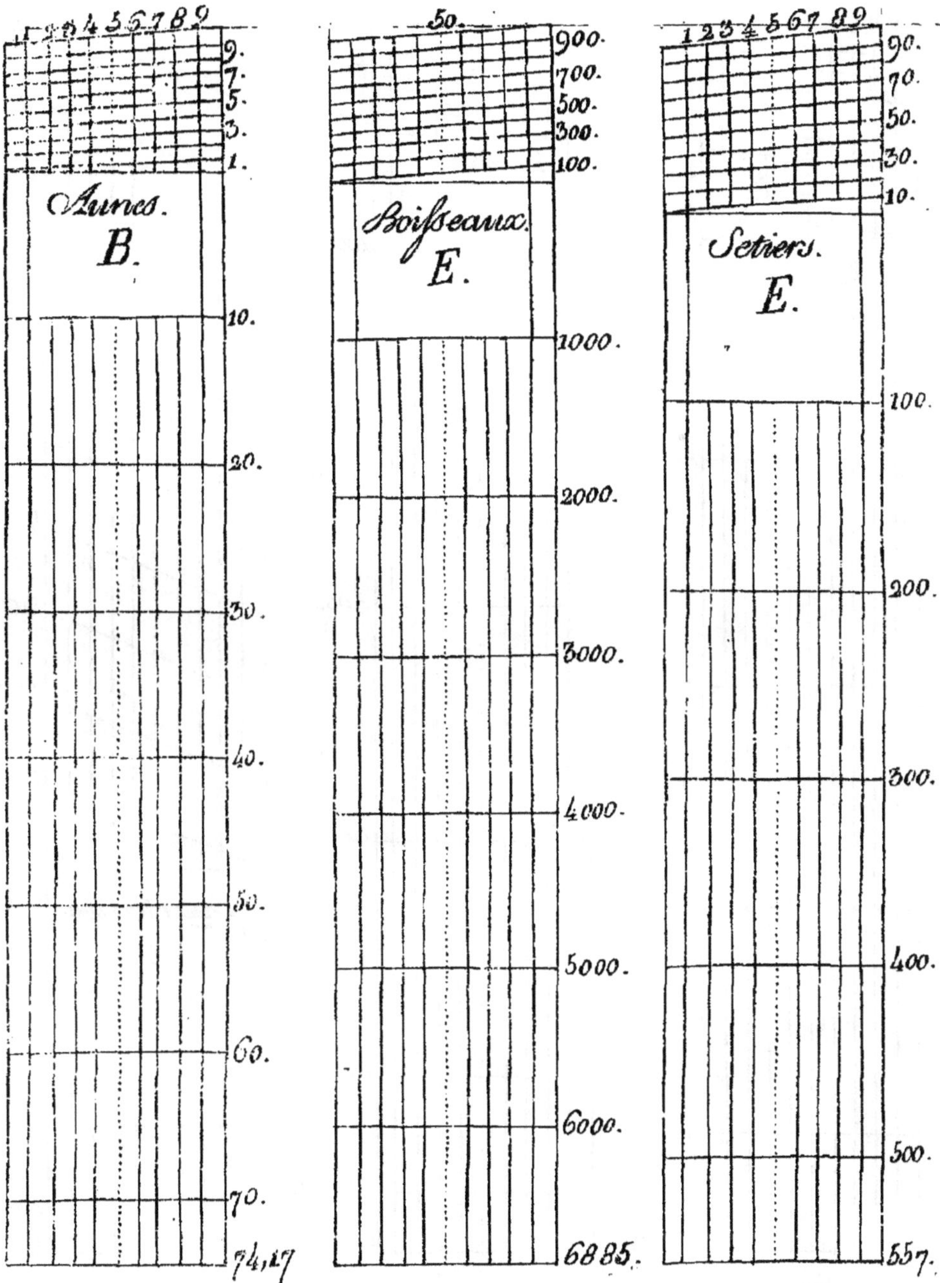
1 2 3 4 5 6 7 8 9
9. 7. 5. 3. 1.
Aunes.
B.
10.
20.
30.
40.
50.
60.
70.
74,17
50.
900. 700. 500. 300. 100.
Boisseaux.
E.
1000.
2000.
3000.
4000.
5000.
6000.
6885.
1 2 3 4 5 6 7 8 9
90. 70. 50. 30. 10.
Setiers.
E.
100.
200.
300.
400.
500.
557.

Paris.

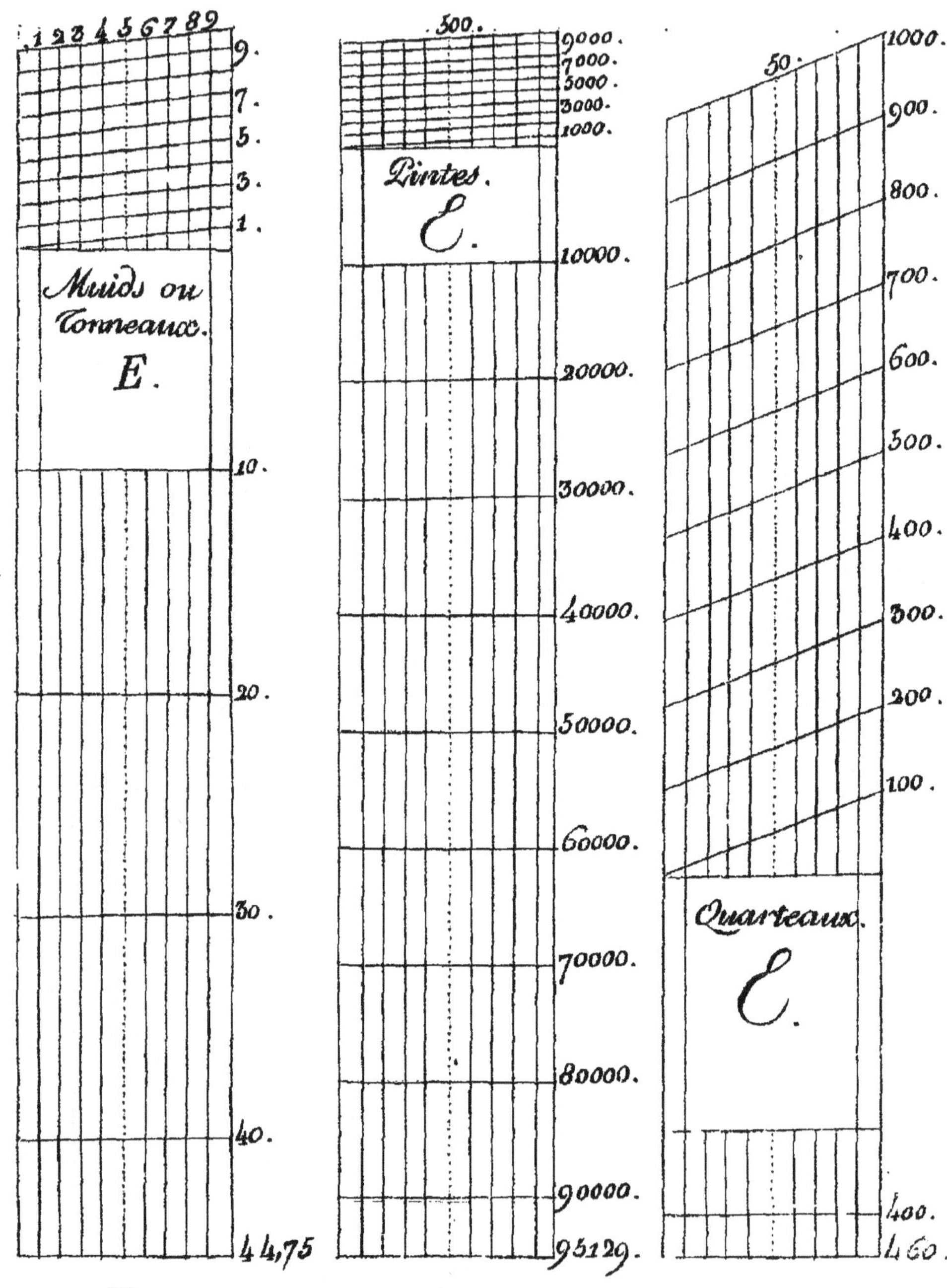

1 2 3 4 5 6 7 8 9
9.
7.
5.
3.
1.
Muids ou Tonneaux.
E.
10.
20.
30.
40.
44,75
500.
9000.
7000.
5000.
3000.
1000.
Pintes.
E.
10000.
20000.
30000.
40000.
50000.
60000.
70000.
80000.
90000.
95129.
50.
1000.
900.
800.
700.
600.
500.
400.
300.
200.
100.
Quarteaux.
E.
400.
460.

K

Paris.

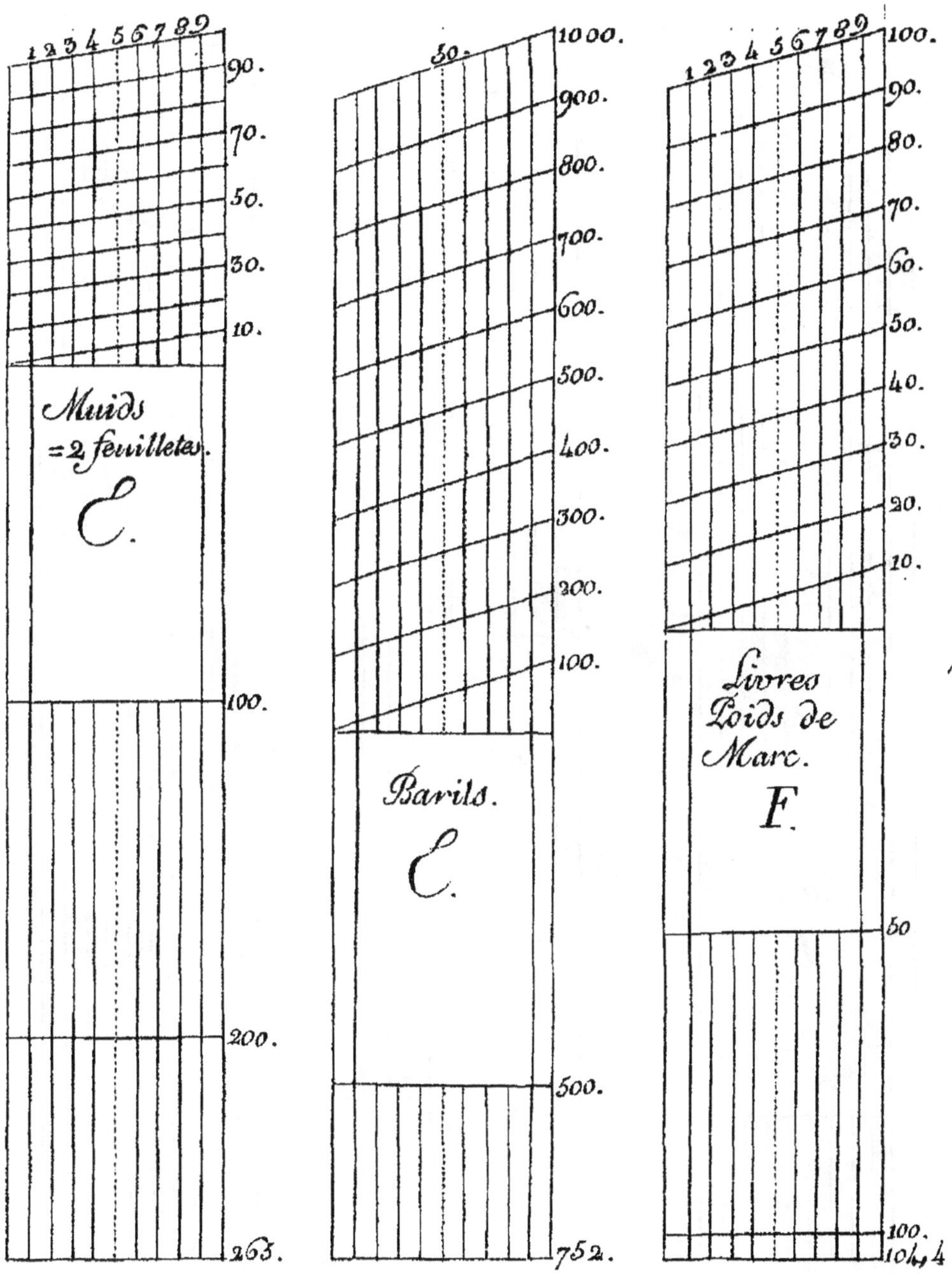

1 2 3 4 5 6 7 8 9
90.
70.
50.
30.
10.
Muids
=2 feuillettes.
E.
100.
200.
263.
30.
1000.
900.
800.
700.
600.
500.
400.
300.
200.
100.
Barils.
E.
500.
752.
1 2 3 4 5 6 7 8 9
100.
90.
80.
70.
60.
50.
40.
30.
20.
10.
Livres
Poids de
Marc.
F.
50
100.
104,4

Piémont.

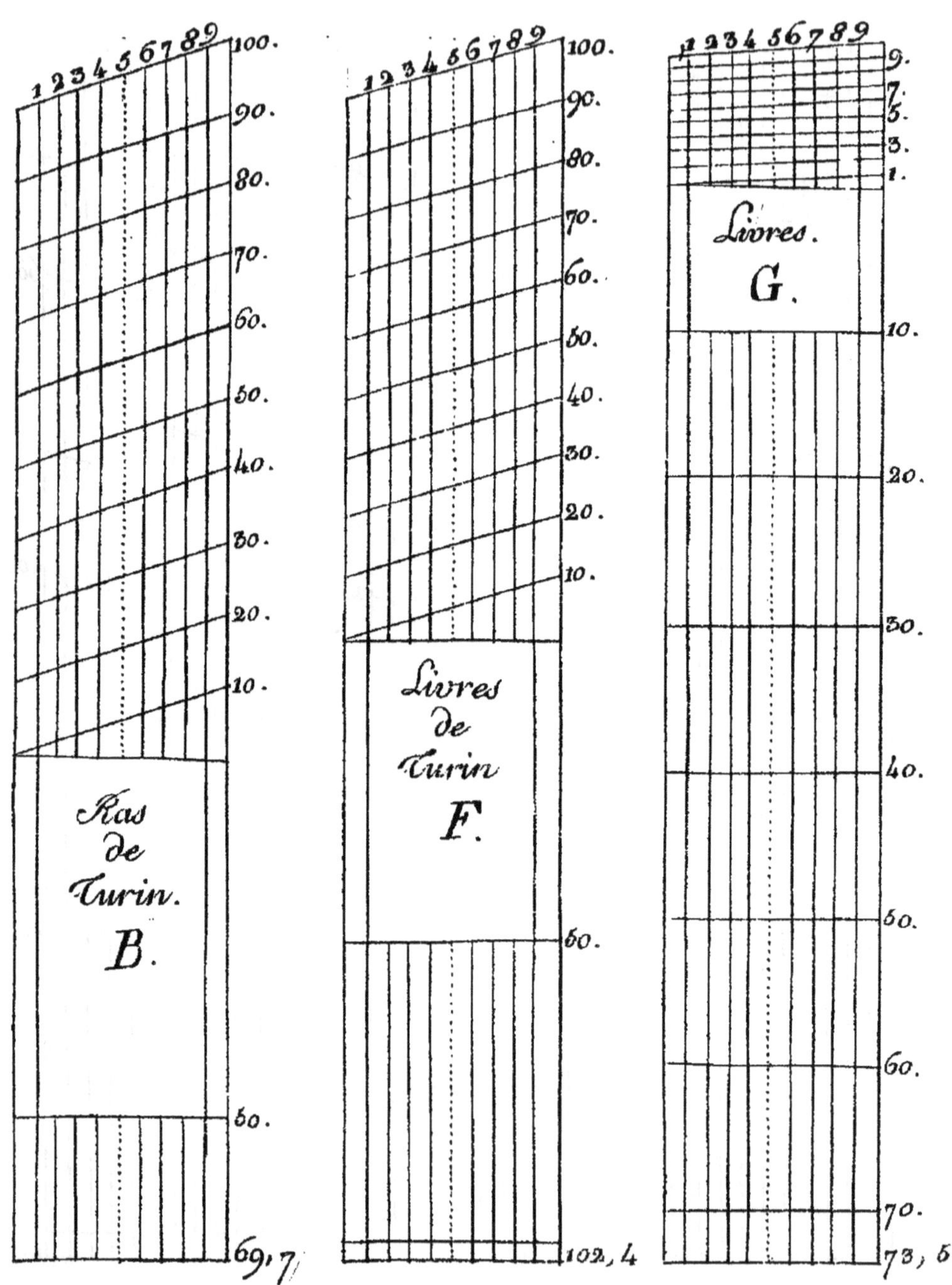

1 2 3 4 5 6 7 8 9
100. 90. 80. 70. 60. 50. 40. 30. 20. 10.
Ras de Turin. B.
50.
69, 7
1 2 3 4 5 6 7 8 9
100. 90. 80. 70. 60. 50. 40. 30. 20. 10.
Livres de Turin F.
50.
102, 4
1 2 3 4 5 6 7 8 9
9. 7. 5. 3. 1.
Livres. G.
10. 20. 30. 40. 50. 60. 70.
73, 64

Portmalo. Portugal. Portugal.

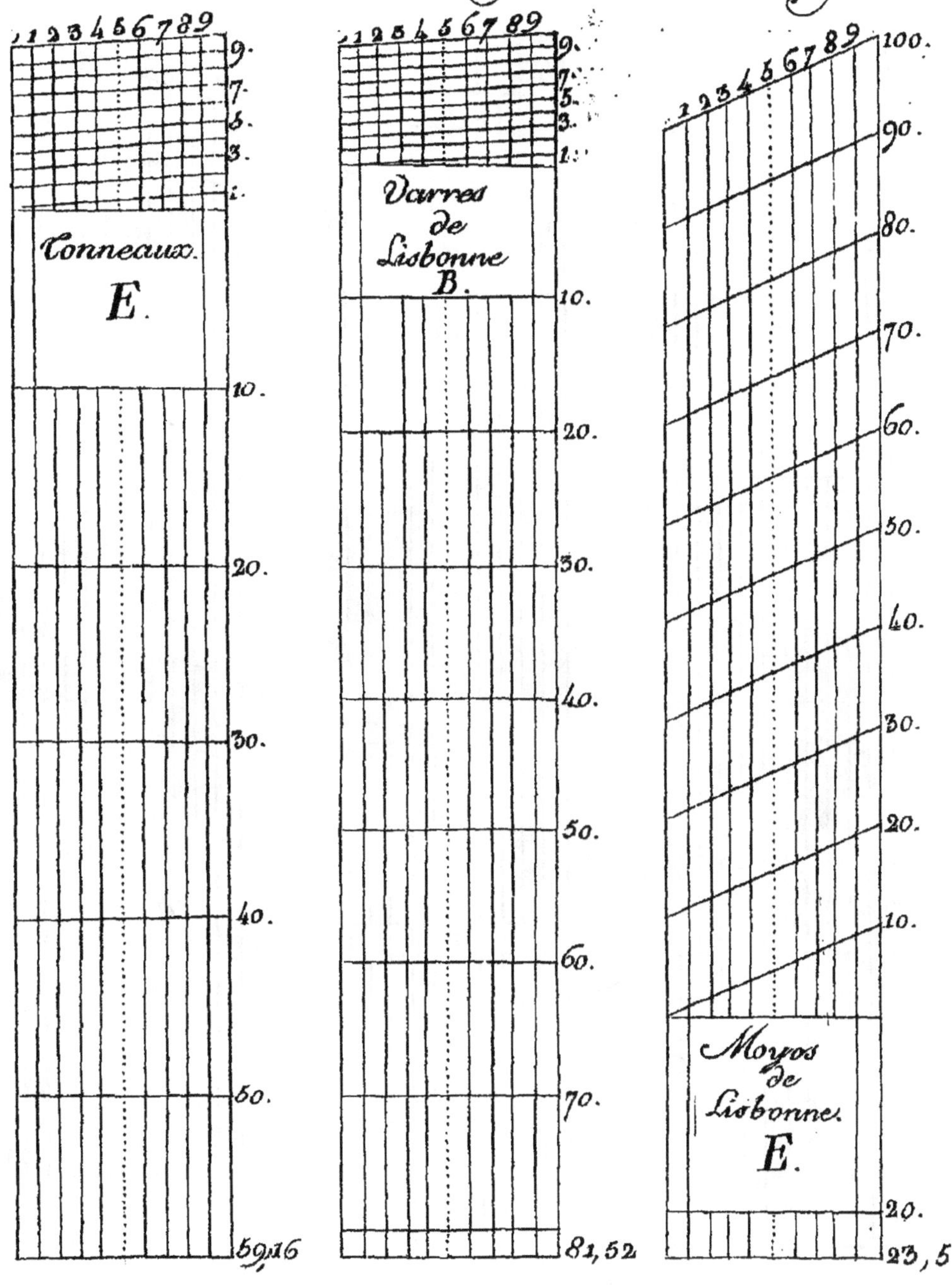

Tonneaux.
E.
Varres
de
Lisbonne
B.
Moyos
de
Lisbonne.
E.
59,16
81,52
23,5

Portugal.

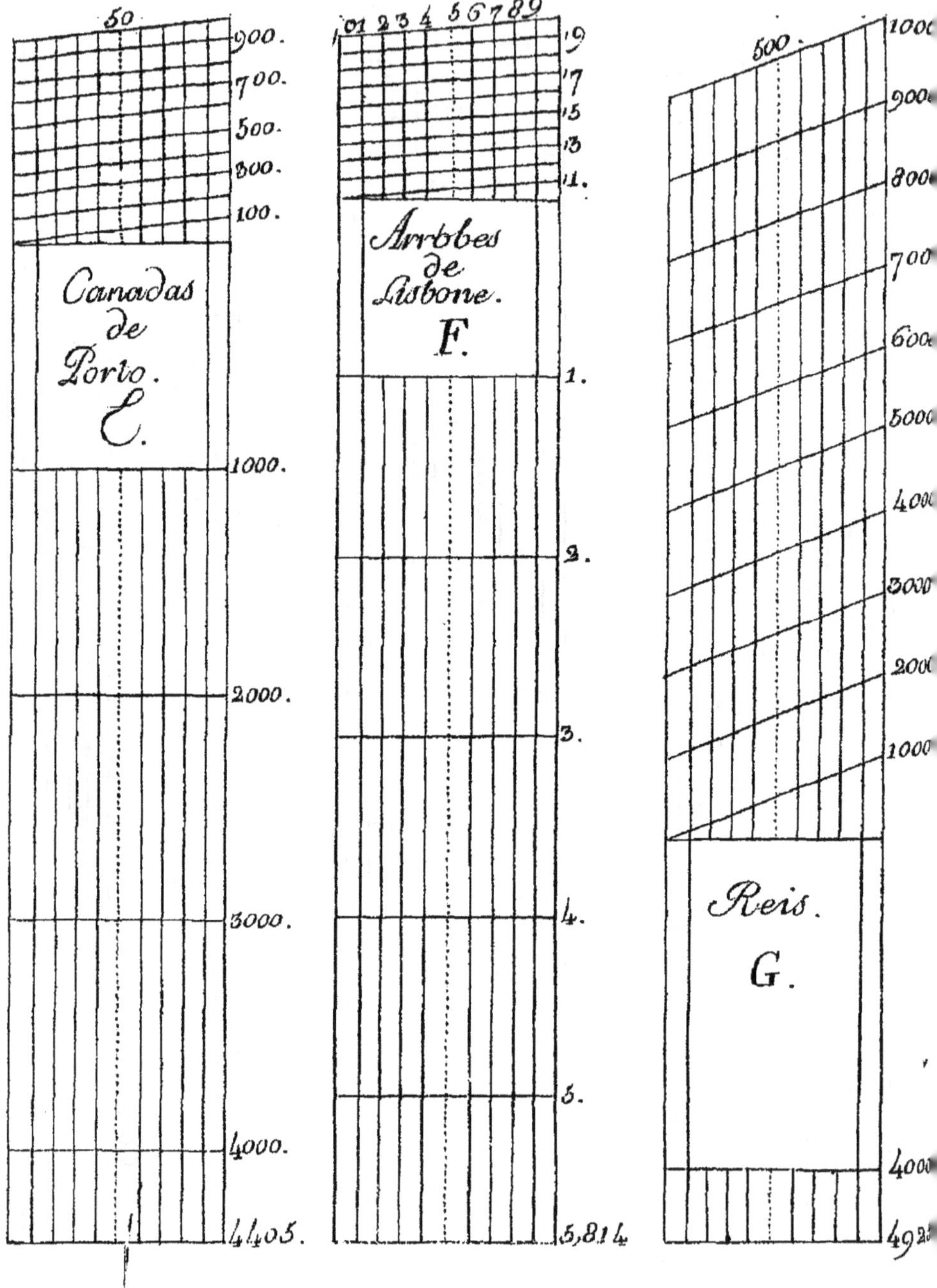

50
900.
700.
500.
300.
100.
Canadas de Porto.
E.
1000.
2000.
3000.
4000.
4405.
0 1 2 3 4 5 6 7 8 9
19
17
15
13
11.
Arrobes de Lisbone.
F.
1.
2.
3.
4.
5.
5,814
500.
Reis.
G.

Rheims. Rochelle. (la) Rochelle. (la)

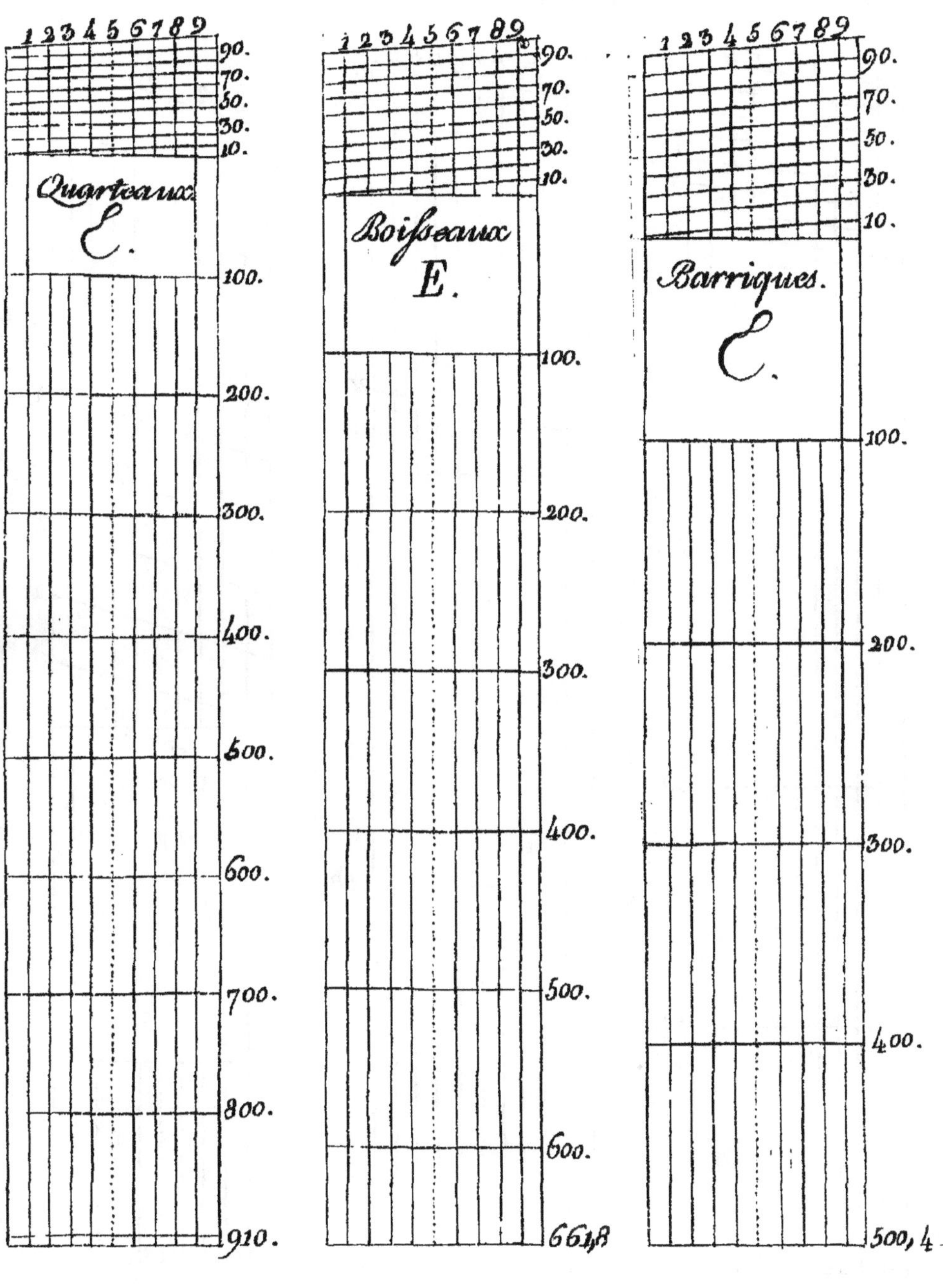

1 2 3 4 5 6 7 8 9
90.
70.
50.
30.
10.
Quartaux
E.
100.
200.
300.
400.
500.
600.
700.
800.
910.
1 2 3 4 5 6 7 8 9
90.
70.
50.
30.
10.
Boisseaux
E.
100.
200.
300.
400.
500.
600.
661,8
1 2 3 4 5 6 7 8 9
90.
70.
50.
30.
10.
Barriques.
E.
100.
200.
300.
400.
500, 4

Rome.

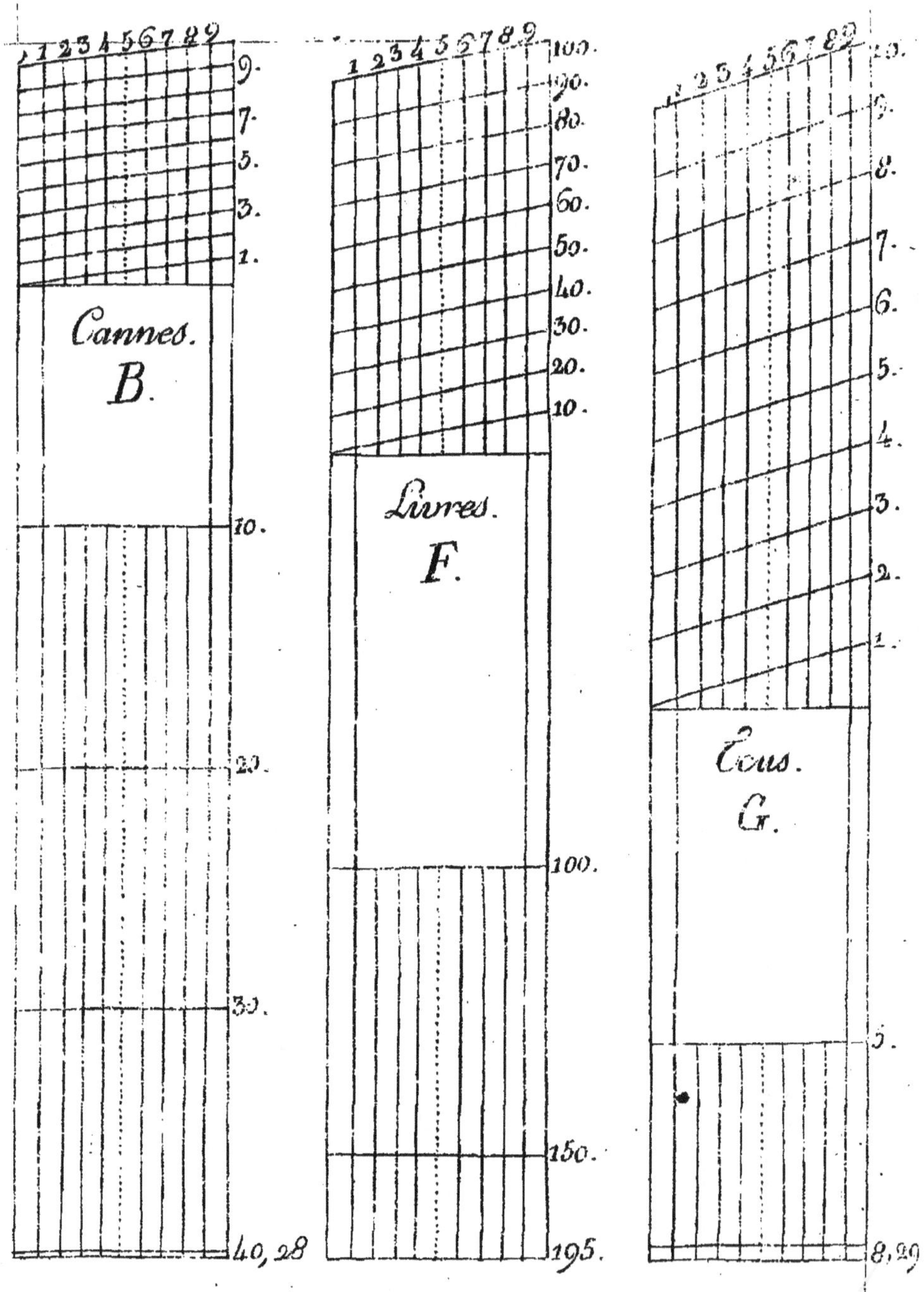
Cannes.
B.
Livres.
F.
Ecus.
G.
40, 28
195.
8, 29
10.
20.
30.
100.
150.

Rouen.

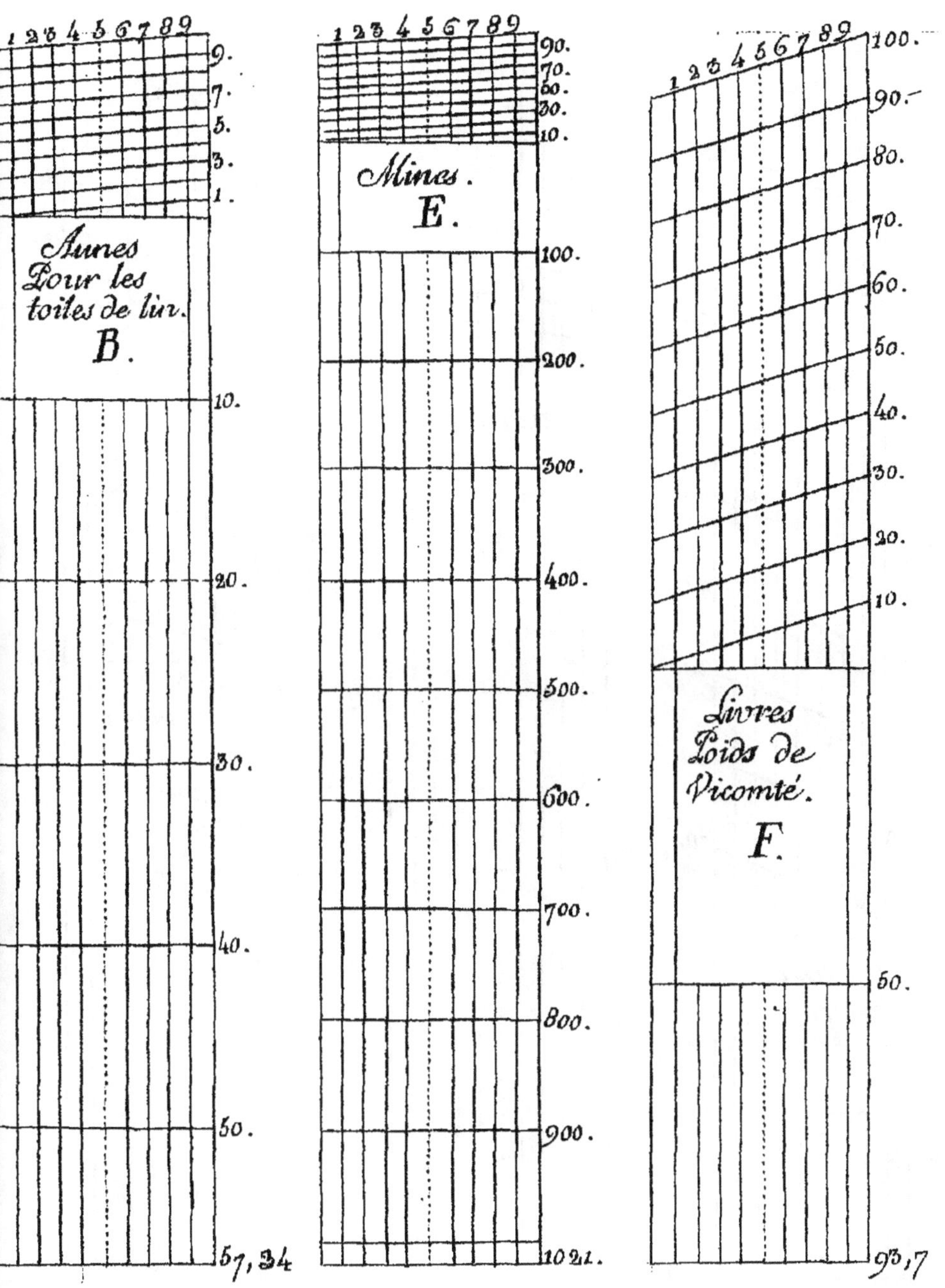

1 2 3 4 5 6 7 8 9
9.
7.
5.
3.
1.
Aunes Pour les toiles de lin.
B.
10.
20.
30.
40.
50.
57,34
1 2 3 4 5 6 7 8 9
90.
70.
50.
30.
10.
Mines.
E.
100.
200.
300.
400.
500.
600.
700.
800.
900.
1021.
1 2 3 4 5 6 7 8 9
100.
90.
80.
70.
60.
50.
40.
30.
20.
10.
Livres Poids de Vicomté.
F.
50.
93,7

Russie.

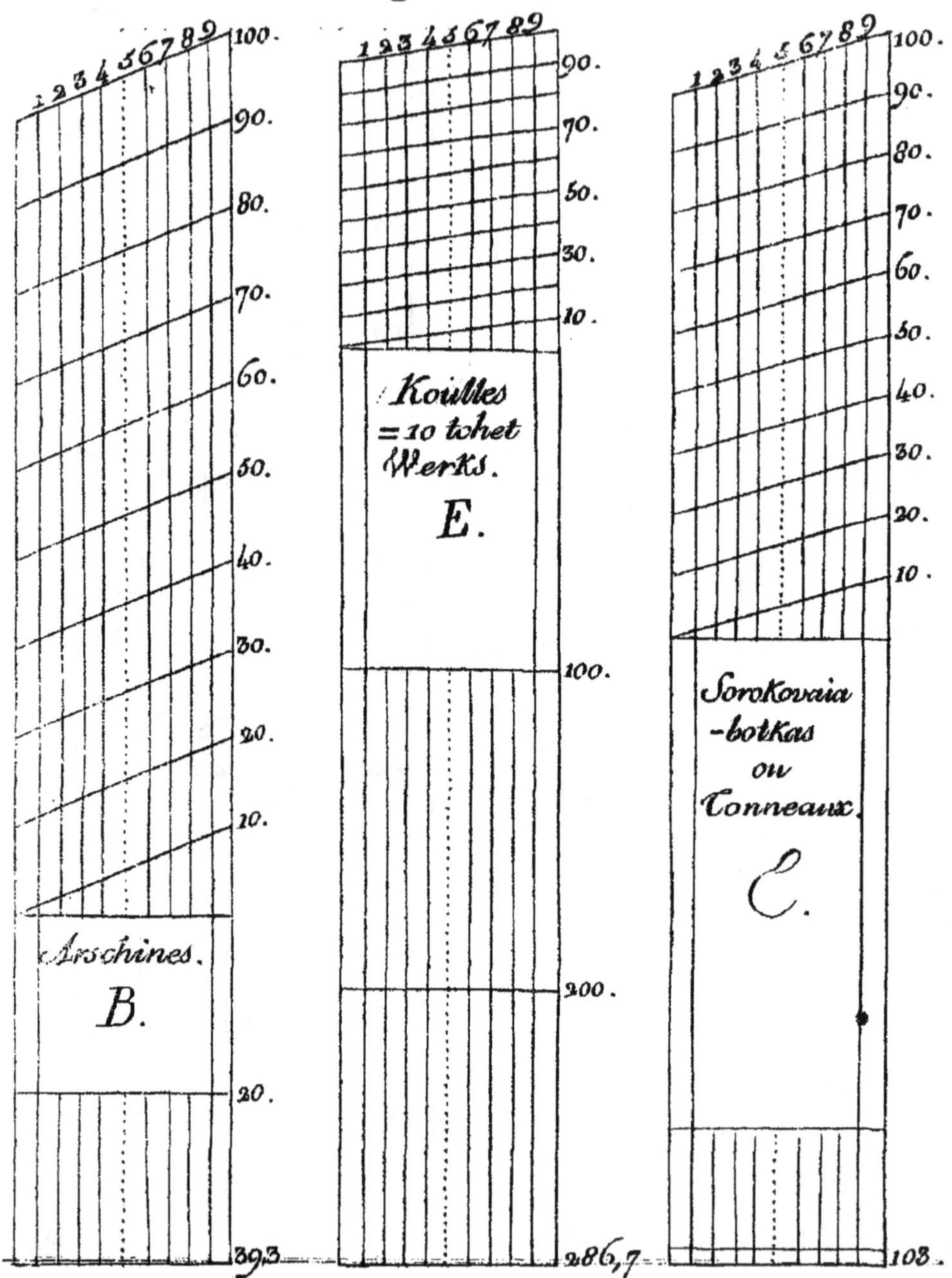

Arschines.
B.
Koulles
=10 tchet
Werks.
E.
Sorokovaia
-botkas
ou
Tonneaux.
C.
39,3
286,7
103

Russie.

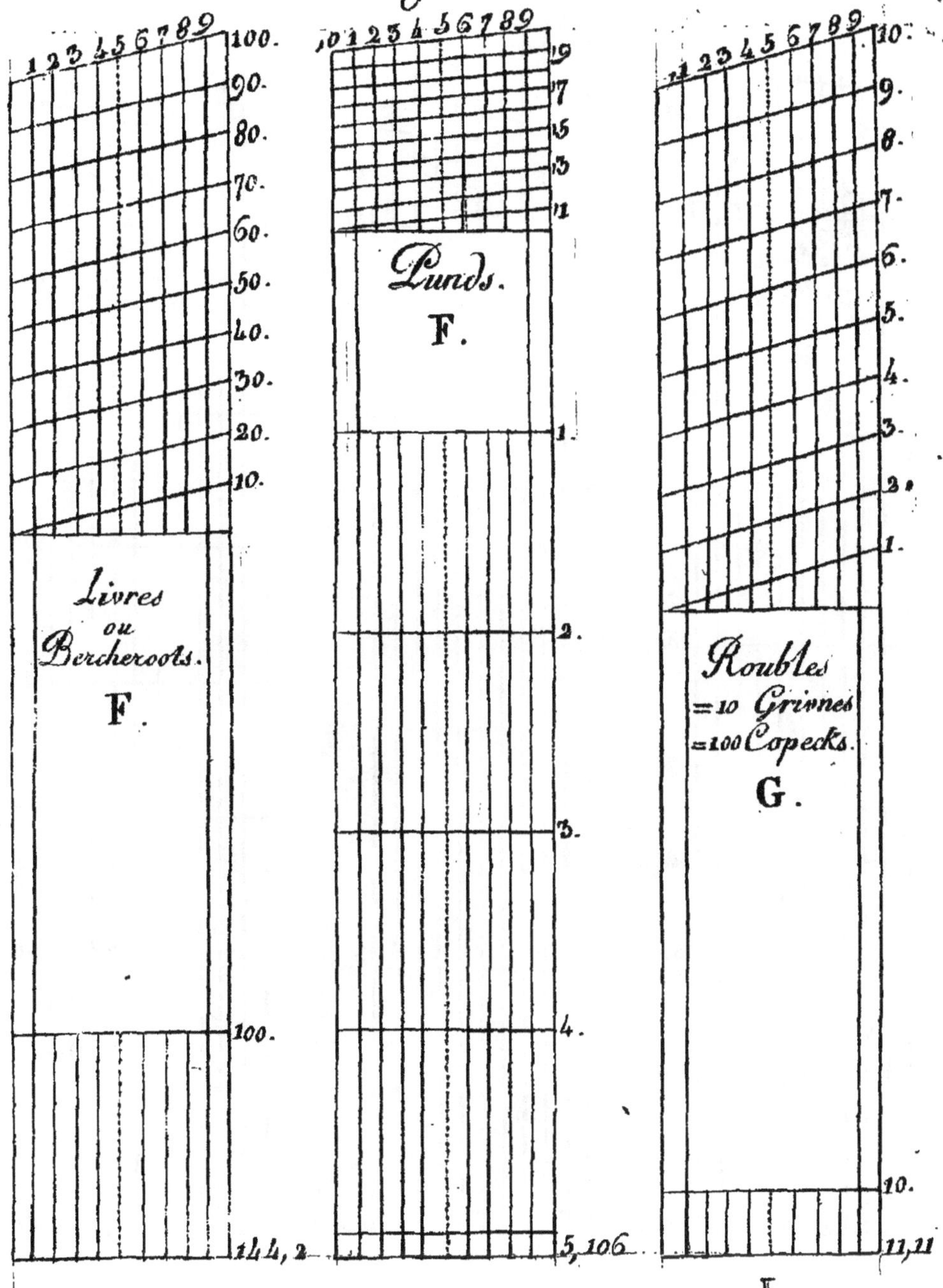

1 2 3 4 5 6 7 8 9
100.
90.
80.
70.
60.
50.
40.
30.
20.
10.
Livres
ou
Bercheroots.
F.
100.
144, 2
0 1 2 3 4 5 6 7 8 9
19
17
15
13
11
Punds.
F.
1.
2.
3.
4.
5, 106
1 2 3 4 5 6 7 8 9
10.
9.
8.
7.
6.
5.
4.
3.
2.
1.
Roubles
=10 Grivnes
=100 Copecks.
G.
10.
11, 11

L

Sens. Soissons. Strasbourg

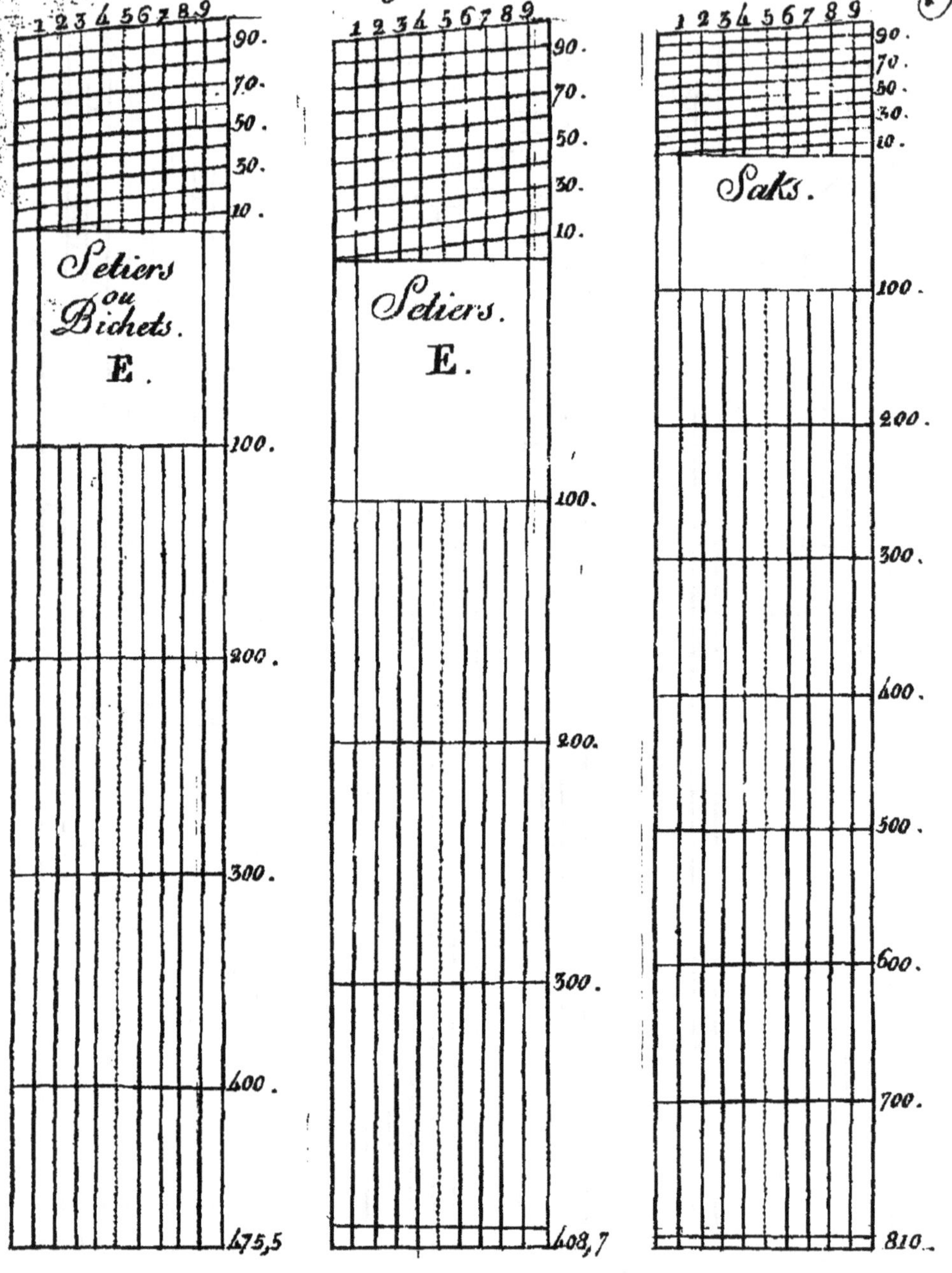

1 2 3 4 5 6 7 8 9
90. 70. 50. 30. 10.
Setiers ou Bichets.
E.
100. 200. 300. 400. 475,5
1 2 3 4 5 6 7 8 9
90. 70. 50. 30. 10.
Setiers.
E.
100. 200. 300. 408,7
1 2 3 4 5 6 7 8 9
90. 70. 50. 30. 10.
Saks.
100. 200. 300. 400. 500. 600. 700. 810.

Suede.

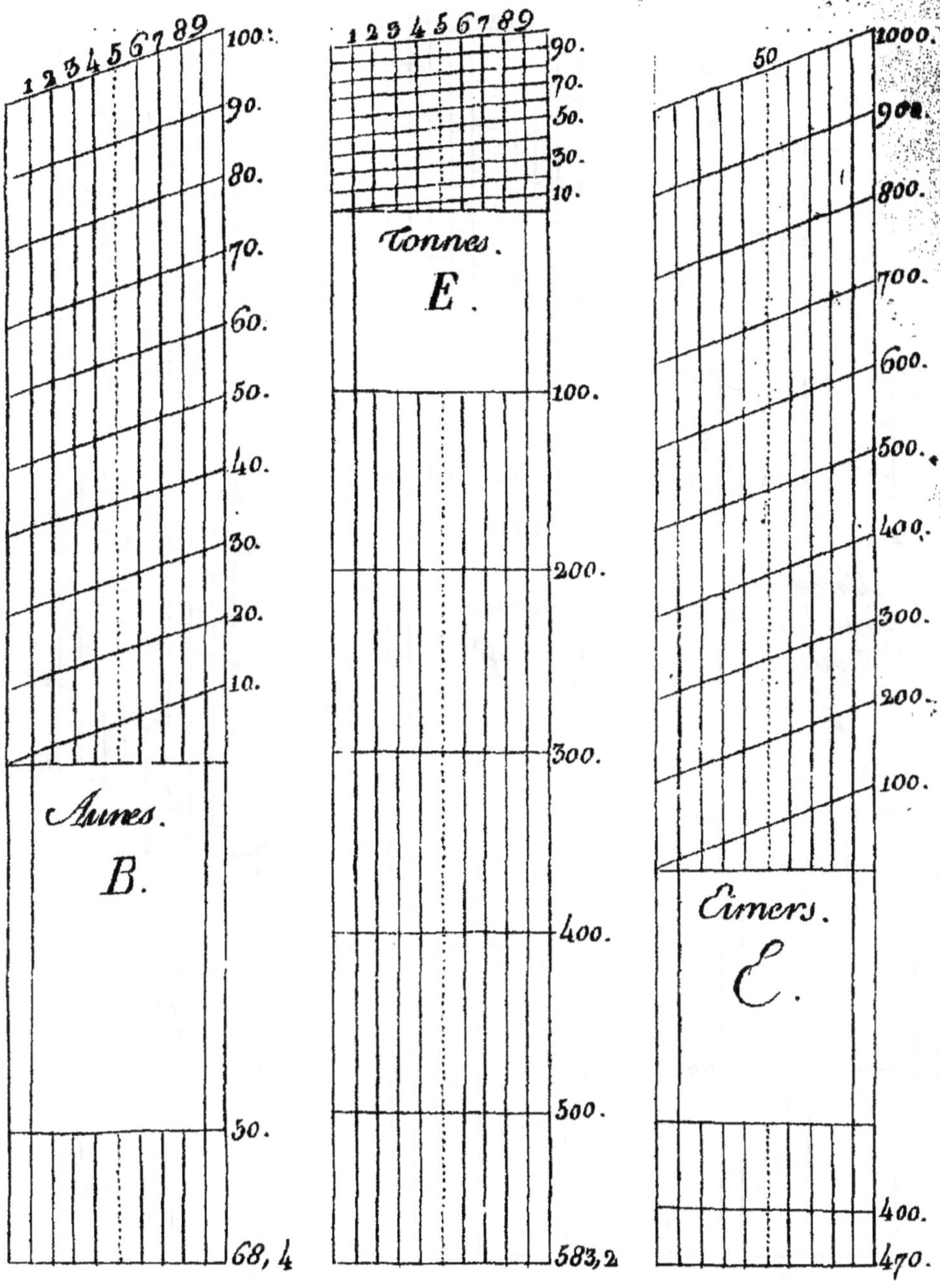
1 2 3 4 5 6 7 8 9
100.
90.
80.
70.
60.
50.
40.
30.
20.
10.
Aunes.
B.
50.
68, 4
1 2 3 4 5 6 7 8 9
90.
70.
50.
30.
10.
Tonnes.
E.
100.
200.
300.
400.
500.
583,2
50
1000.
900.
800.
700.
600.
500.
400.
300.
200.
100.
Eimers.
E.
400.
470.

Suede.

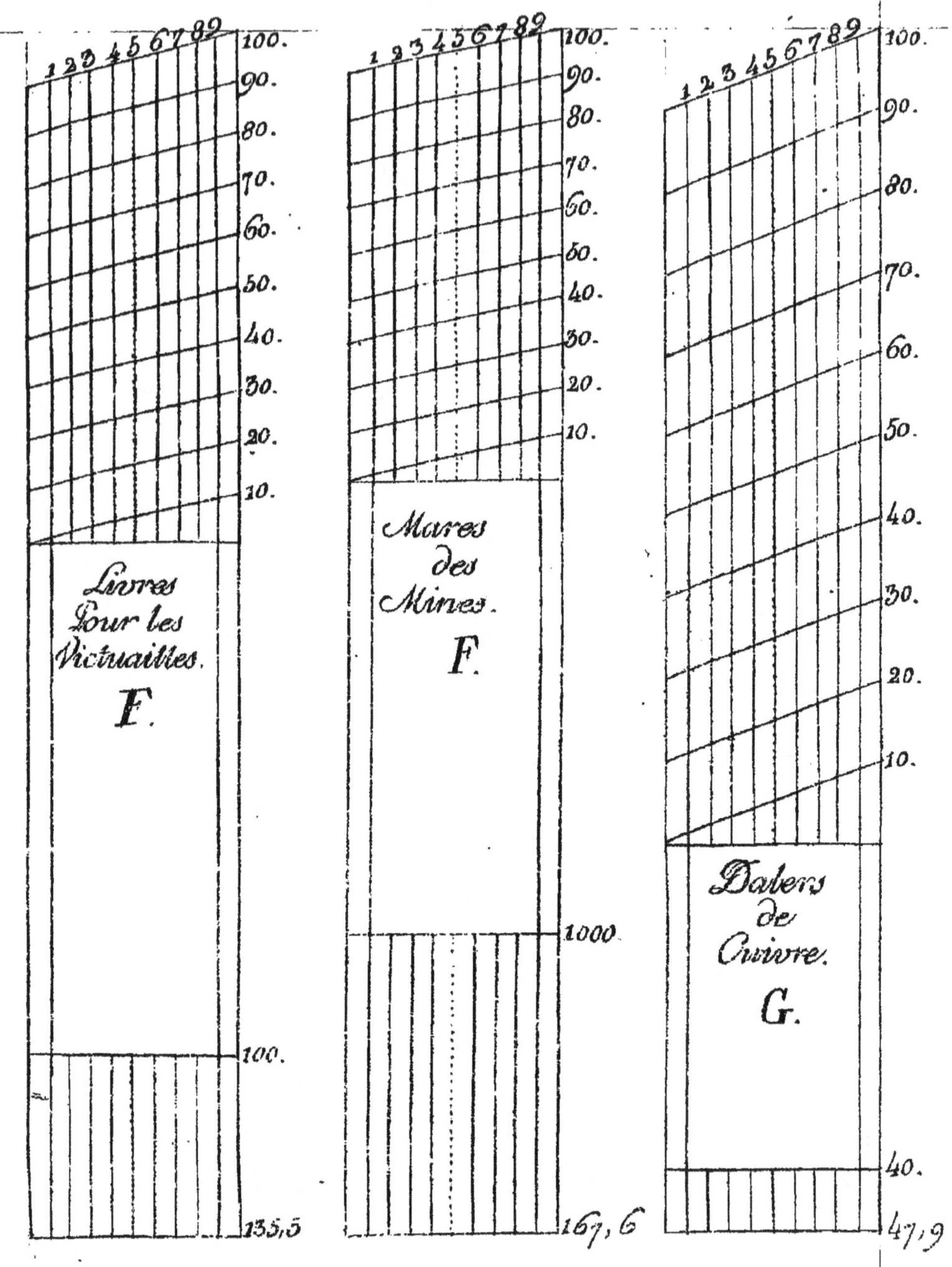

1 2 3 4 5 6 7 8 9
100.
90.
80.
70.
60.
50.
40.
30.
20.
10.
Livres Pour les Victuailles.
F.
100.
135,5
1 2 3 4 5 6 7 8 9
100.
90.
80.
70.
60.
50.
40.
30.
20.
10.
Mares des Mines.
F.
1000
167,6
1 2 3 4 5 6 7 8 9
100.
90.
80.
70.
60.
50.
40.
30.
20.
10.
Dalers de Cuivre.
G.
40.
47,9

Toscane.

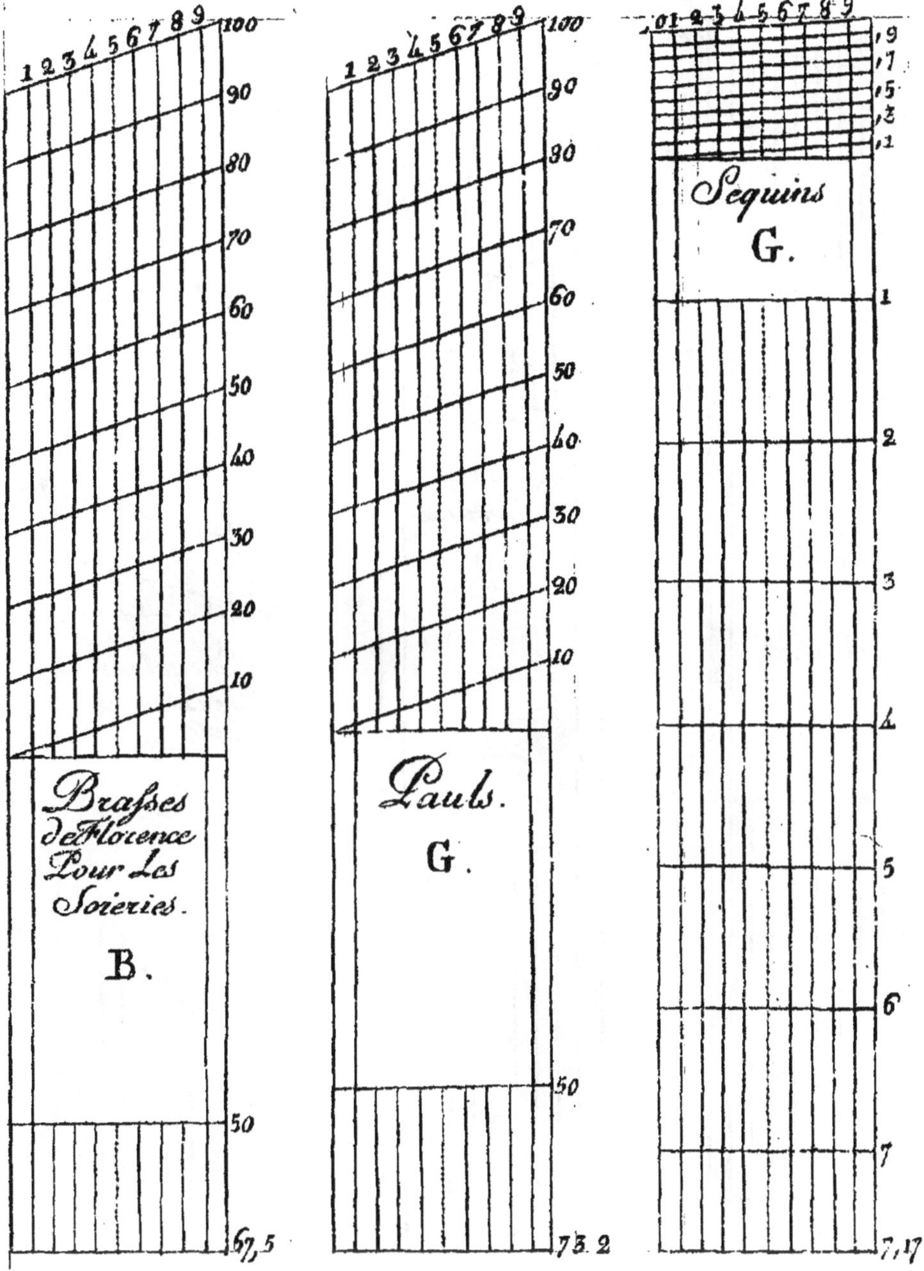
Brasses de Florence Pour Les Soieries
B.
Pauls.
G.
Sequins
G.
67,5
73.2
7,17

Toscane.

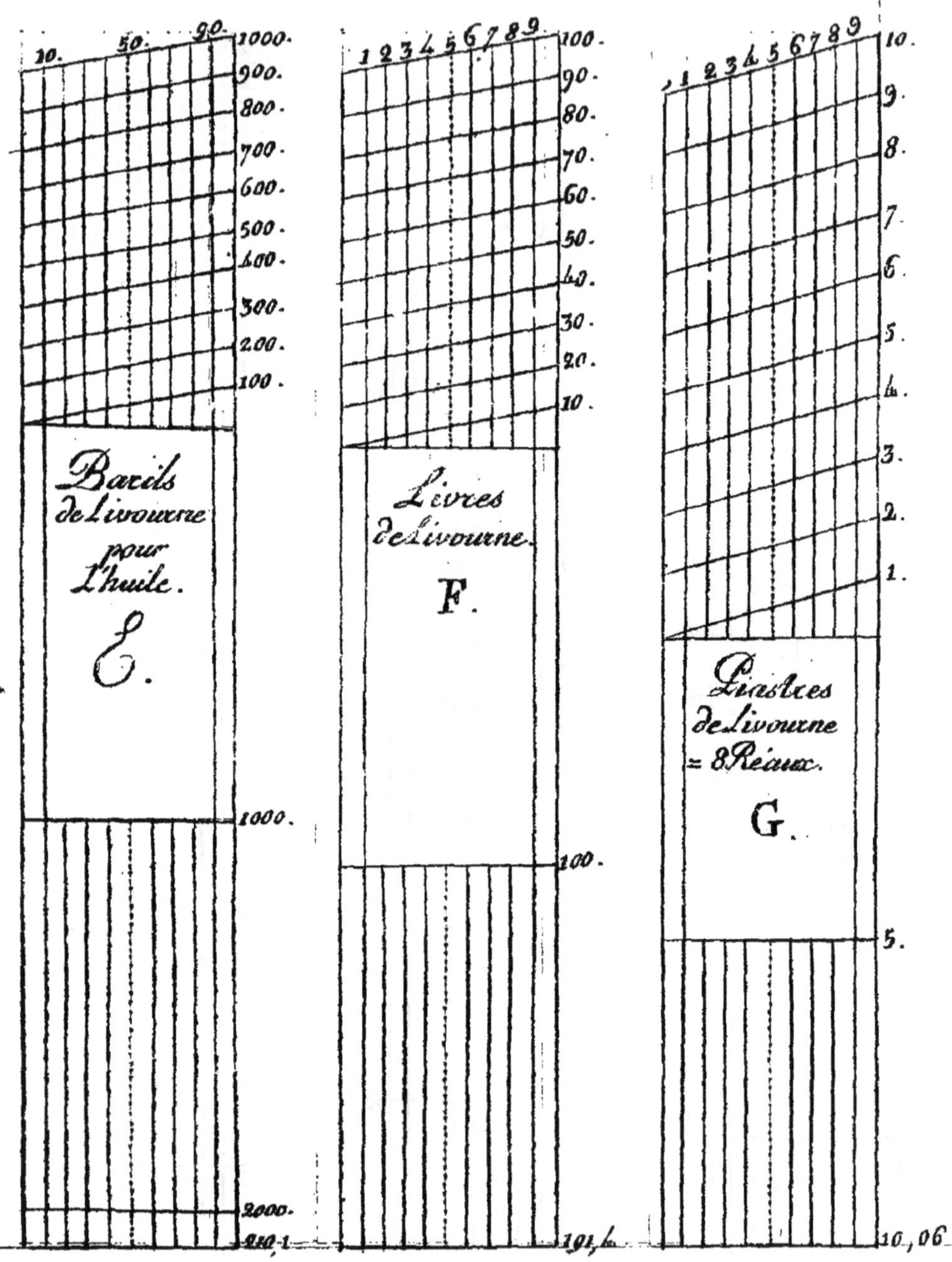

10. 50. 90.
1000. 900. 800. 700. 600. 500. 400. 300. 200. 100.
Barils de Livourne pour l'huile.
E.
1000.
2000.
1 2 3 4 5 6 7 8 9
100. 90. 80. 70. 60. 50. 40. 30. 20. 10.
Livres de Livourne.
F.
100.
191,
1 2 3 4 5 6 7 8 9
10. 9. 8. 7. 6. 5. 4. 3. 2. 1.
Piastres de Livourne = 8 Réaux.
G.
5.
10,06

Toulouse

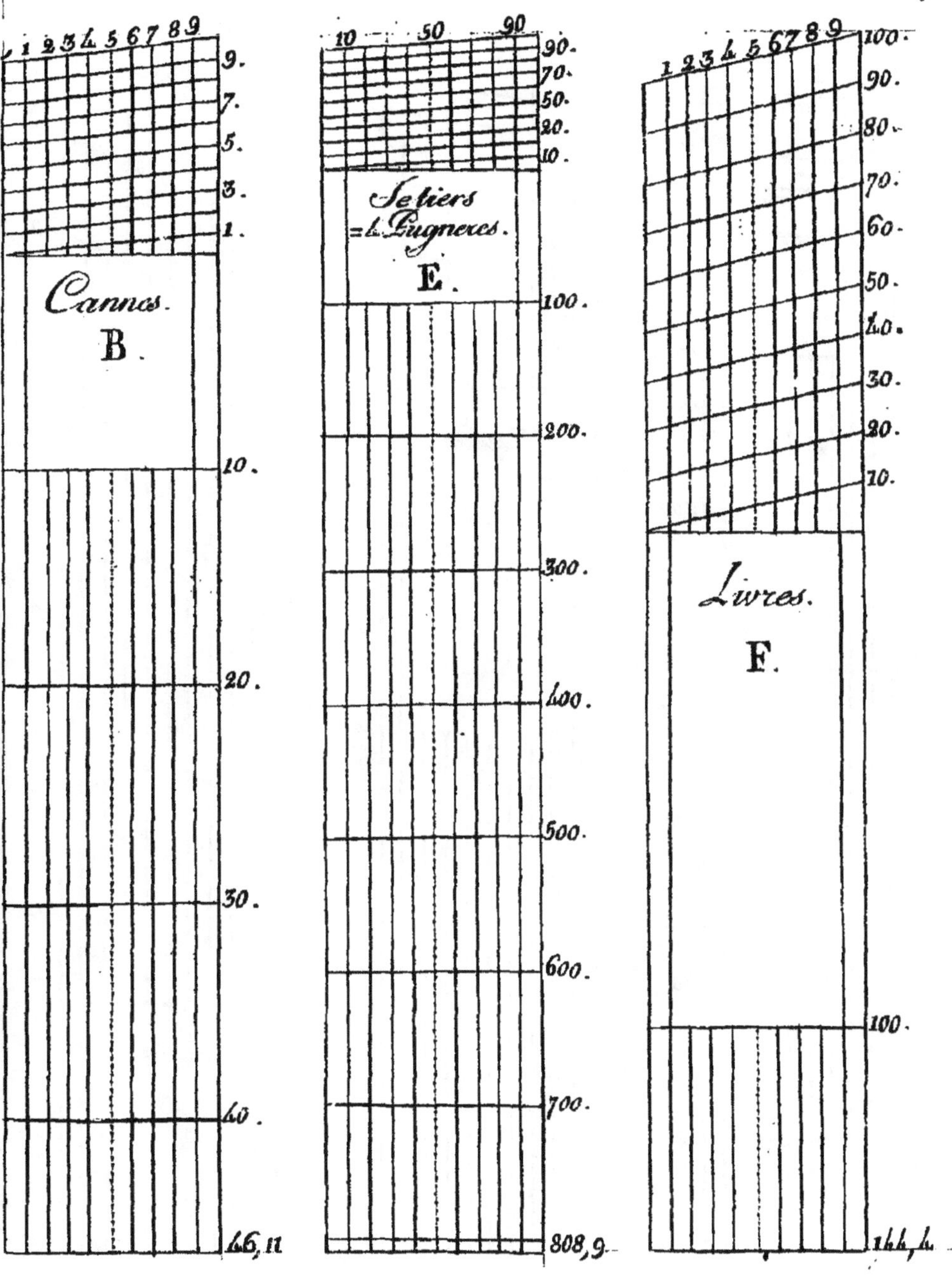

1 2 3 4 5 6 7 8 9
9.
7.
5.
3.
1.
Cannes.
B.
10.
20.
30.
40.
46,11
10 50 90
90.
70.
50.
20.
10.
Setiers
=ℓ. Pugneres.
E.
100.
200.
300.
400.
500.
600.
700.
808,9.
1 2 3 4 5 6 7 8 9
100.
90.
80.
70.
60.
50.
40.
30.
20.
10.
Livres.
F.
100.
144,4

Tours.	Triel.	Troyes.
Setiers E.	Muids. E.	Aunes. B.

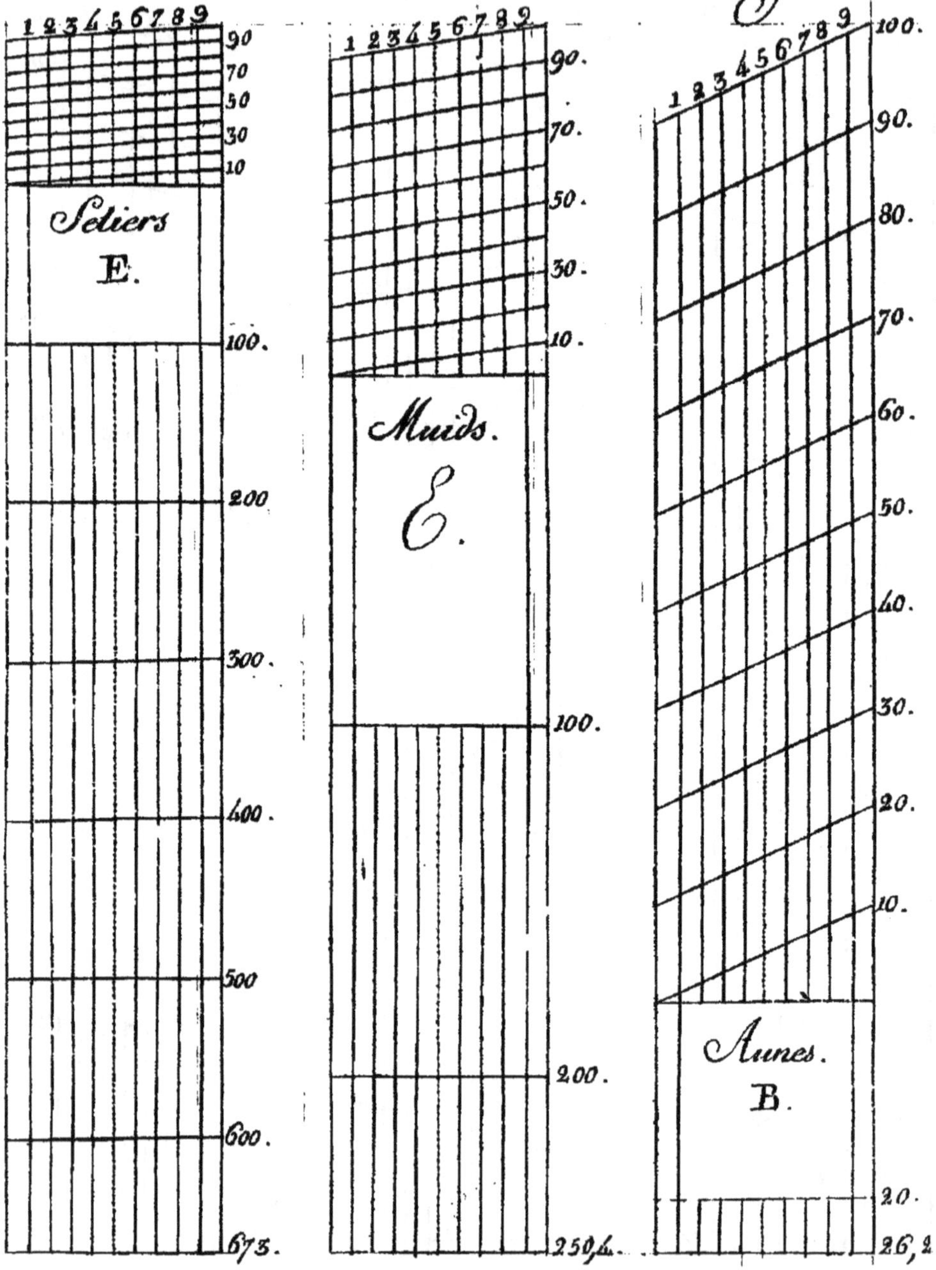

Tours: 1 2 3 4 5 6 7 8 9 — 90, 70, 50, 30, 10 — 100. 200 300. 400. 500 600. 673.

Triel: 1 2 3 4 5 6 7 8 9 — 90. 70. 50. 30. 10. — 100. 200. 250,4.

Troyes: 1 2 3 4 5 6 7 8 9 — 100. 90. 80. 70. 60. 50. 40. 30. 20. 10. — 20. 26,2

M

Valenciennes. Vitré. Voiron.

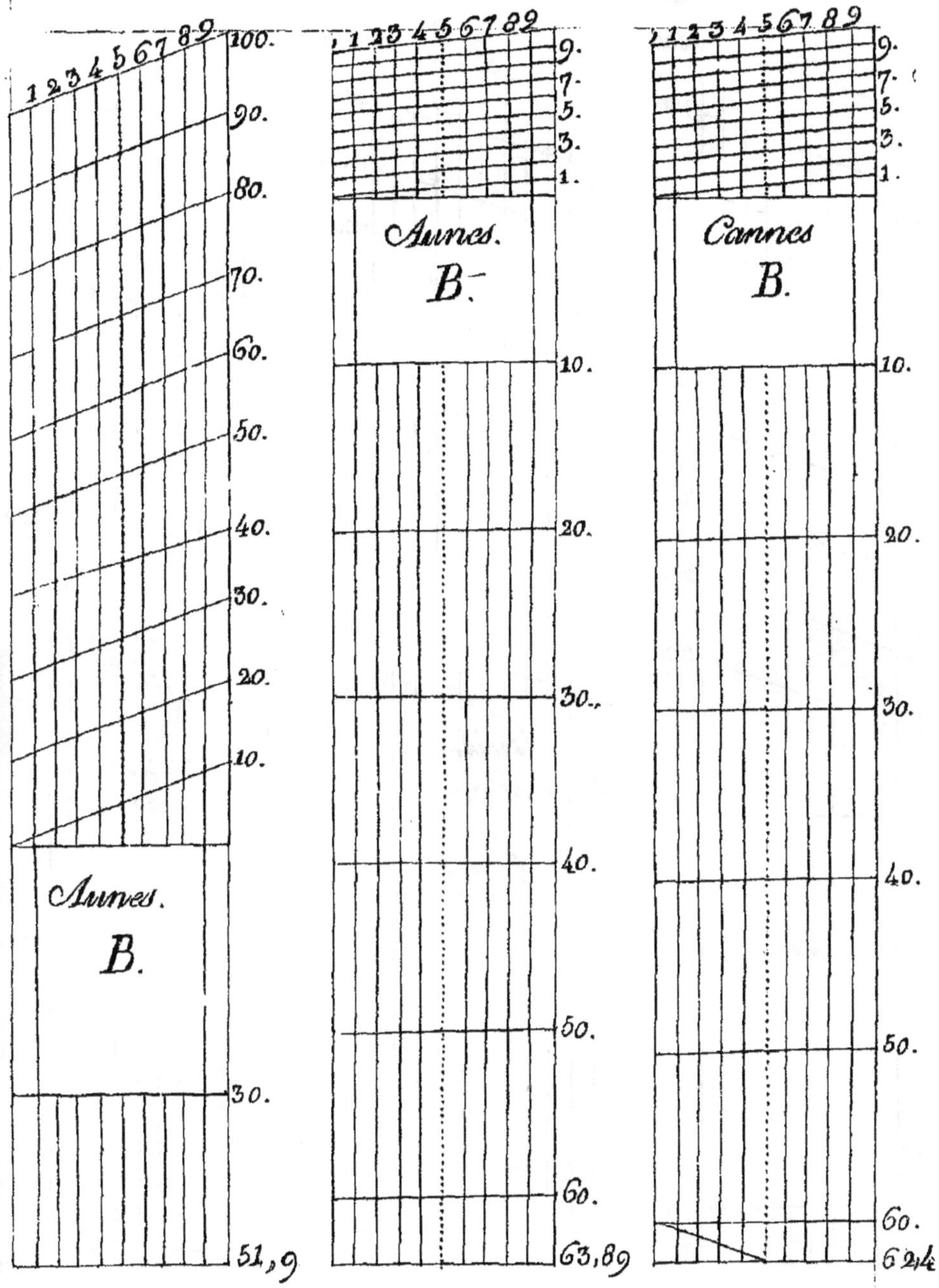
1 2 3 4 5 6 7 8 9
100.
90.
80.
70.
60.
50.
40.
30.
20.
10.
Aunes.
B.
30.
51,9
1 2 3 4 5 6 7 8 9
9.
7.
5.
3.
1.
Aunes.
B.
10.
20.
30.
40.
50.
60.
63,89
1 2 3 4 5 6 7 8 9
9.
7.
5.
3.
1.
Cannes
B.
10.
20.
30.
40.
50.
60.
62,4

Quinteaux Poids de marc

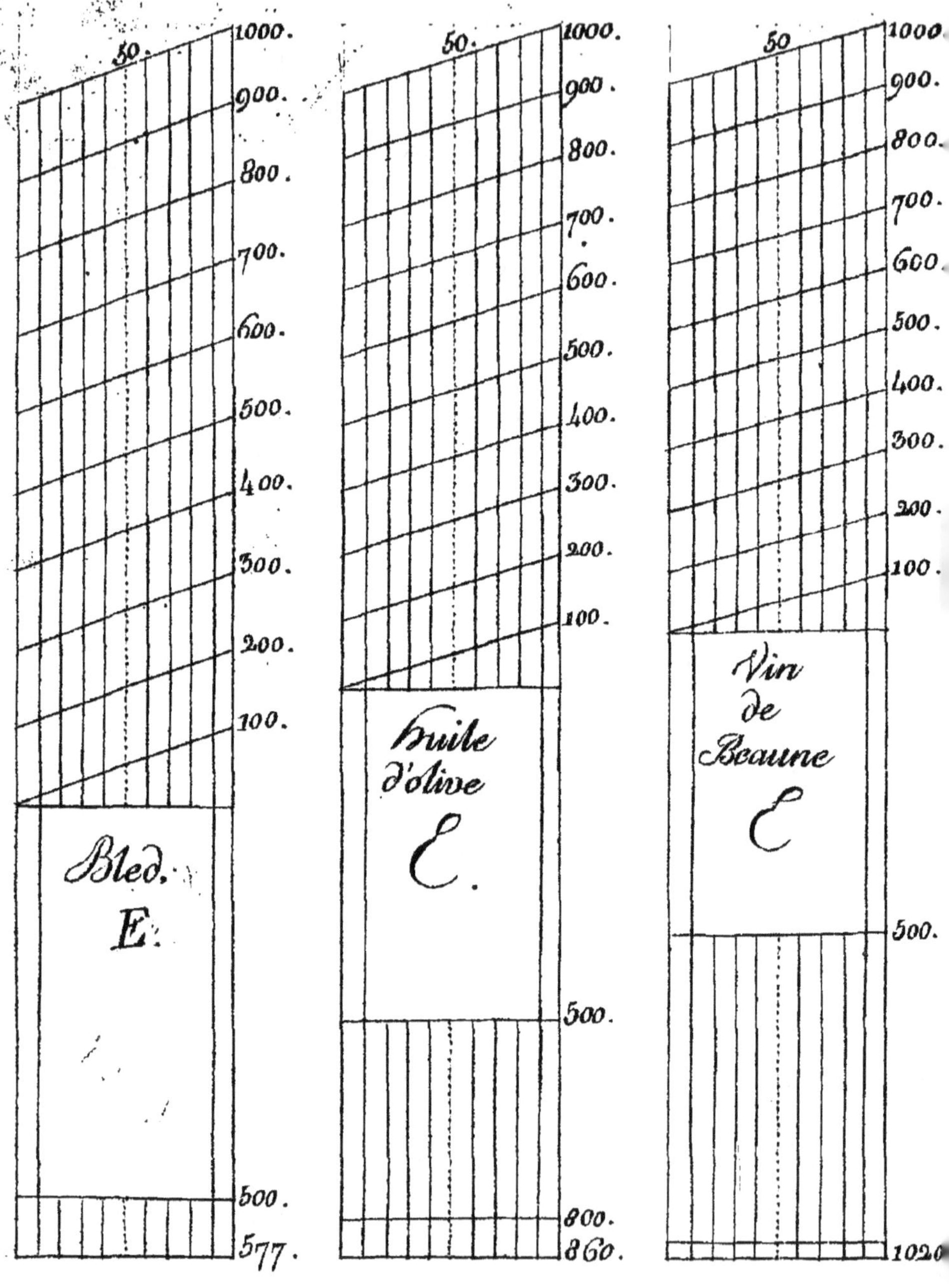
50.
1000.
900.
800.
700.
600.
500.
400.
300.
200.
100.
Bled.
E.
500.
577.
50.
1000.
900.
800.
700.
600.
500.
400.
300.
200.
100.
huile
d'olive
E.
500.
800.
860.
50
1000.
900.
800.
700.
600.
500.
400.
300.
200.
100.
Vin
de
Beaune
E
500.
1020

Pesanteurs en Graves du Contenu des Mesures.

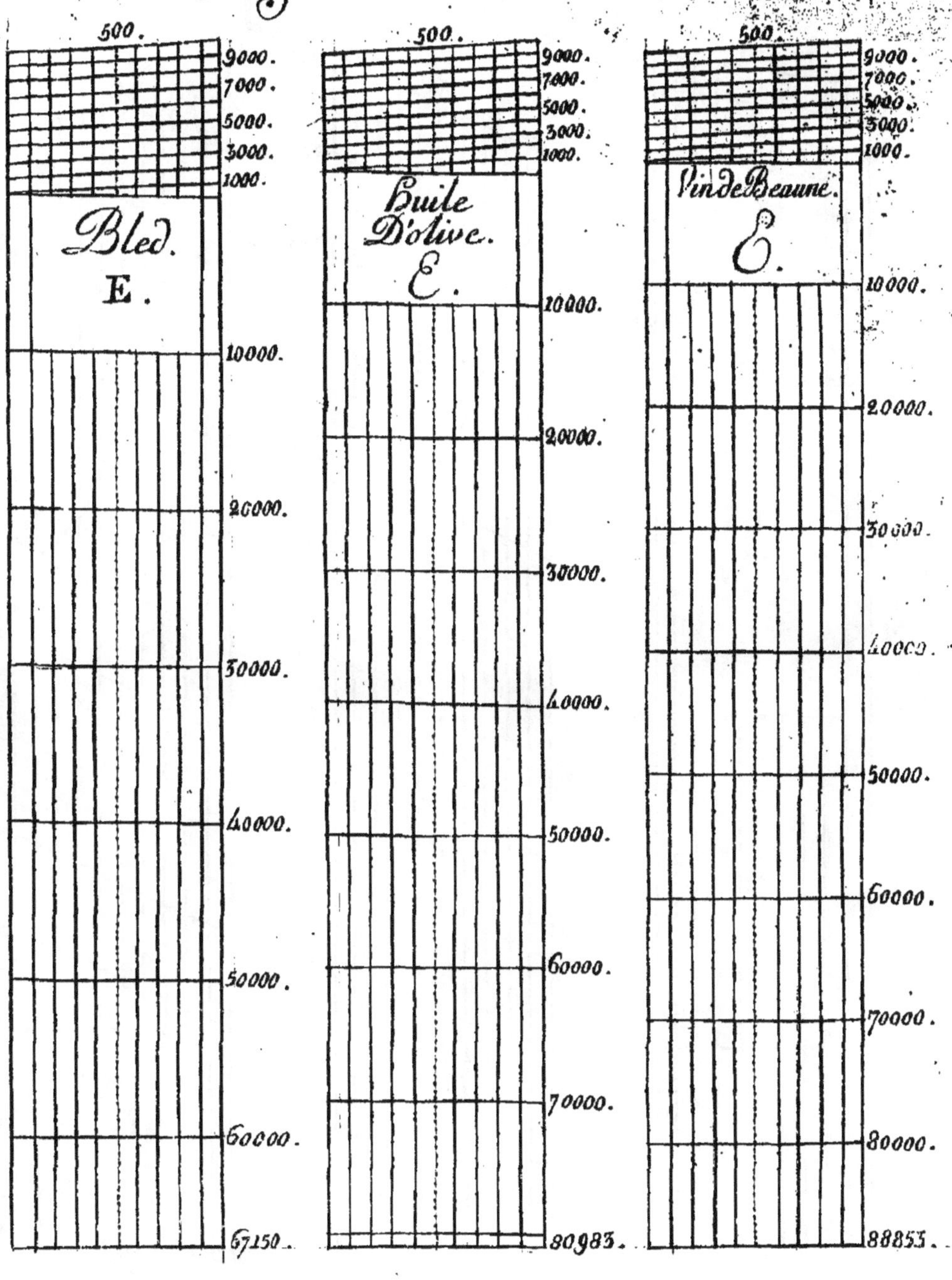
500.
9000.
7000.
5000.
3000.
1000.
Bled.
E.
10000.
20000.
30000.
40000.
50000.
60000.
67150.
500.
9000.
7000.
5000.
3000.
1000.
Huile D'olive.
E.
10000.
20000.
30000.
40000.
50000.
60000.
70000.
80983.
500.
9000.
7000.
5000.
3000.
1000.
Vin de Beaune.
E.
10000.
20000.
30000.
40000.
50000.
60000.
70000.
80000.
88853.

Mesures du Temps.

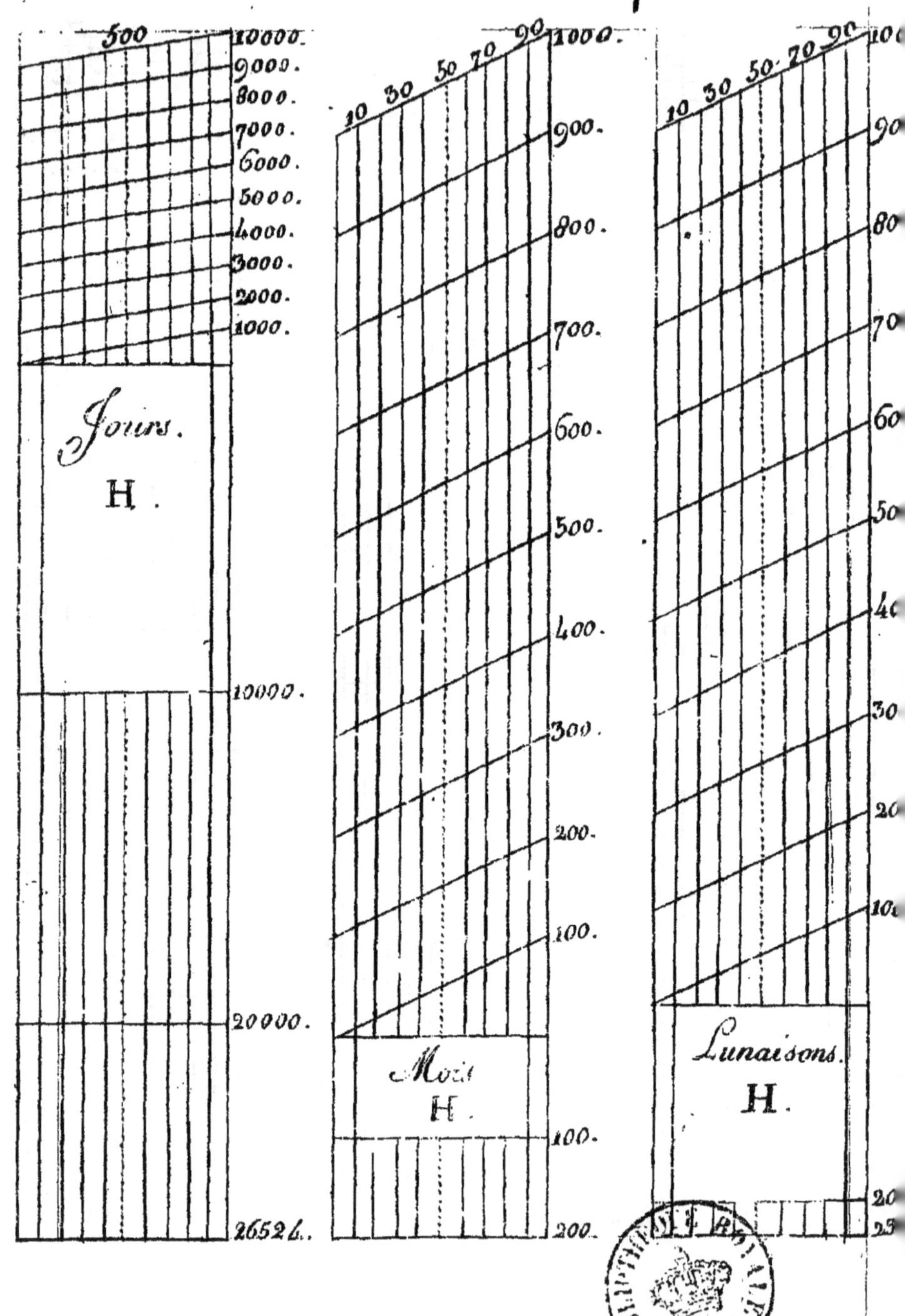

500
10000.
9000.
8000.
7000.
6000.
5000.
4000.
3000.
2000.
1000.
Jours.
H.
10000.
20000.
26524.
10
30
50
70
90
1000.
900.
800.
700.
600.
500.
400.
300.
200.
100.
Mois
H.
100.
200.
Lunaisons.
H.

www.ingramcontent.com/pod-product-compliance
Lightning Source LLC
Chambersburg PA
CBHW070817210326
41520CB00011B/1992

* 9 7 8 2 0 1 2 7 7 1 4 1 3 *